前沿科技·人工智能系列

卷积神经网络之图像融合识别

赵文达 王海鹏 著

电子工业出版社
Publishing House of Electronics Industry
北京·BEIJING

内 容 简 介

本书是一本探讨卷积神经网络在图像融合、识别任务上应用的专业著作，旨在为读者提供全面而实用的知识体系，使其能够深入理解图像融合与识别的原理和实现，并应用于各个领域。本书涵盖了从卷积神经网络基础概念到图像融合、识别前沿技术的全面内容，并详细介绍了著者自身的研究成果。本书共 8 章，主要包括：图像融合与目标识别的目的、意义、基本概念、技术指标和研究历史及现状，卷积神经网络，特征表示学习的多源图像融合，多域特征对齐的多源图像融合，小样本遥感目标识别，复杂样本分布的遥感目标识别，图像融合和目标识别的实际应用，以及回顾、建议与展望。本书可以作为计算机视觉、图像处理、人工智能等领域的学生、研究者和从业人员的参考书，也可以作为基础的理论教程使用，还可以作为实际工程应用的参考书。

未经许可，不得以任何方式复制或抄袭本书之部分或全部内容。
版权所有，侵权必究。

图书在版编目（CIP）数据

卷积神经网络之图像融合识别 / 赵文达，王海鹏著.
北京：电子工业出版社，2024.6. --（前沿科技）.
ISBN 978-7-121-48272-4

Ⅰ．TP751

中国国家版本馆 CIP 数据核字第 2024HA9489 号

责任编辑：曲　昕　　特约编辑：田学清
印　　刷：北京雁林吉兆印刷有限公司
装　　订：北京雁林吉兆印刷有限公司
出版发行：电子工业出版社
　　　　　北京市海淀区万寿路 173 信箱　邮编：100036
开　　本：787×1092　1/16　印张：11.5　字数：287 千字
版　　次：2024 年 6 月第 1 版
印　　次：2024 年 12 月第 2 次印刷
定　　价：88.00 元

凡所购买电子工业出版社图书有缺损问题，请向购买书店调换。若书店售缺，请与本社发行部联系，联系及邮购电话：(010) 88254888，88258888。
质量投诉请发邮件至 zlts@phei.com.cn，盗版侵权举报请发邮件至 dbqq@phei.com.cn。
本书咨询联系方式：(010) 88254468，quxin@phei.com.cn。

前　　言

随着人工智能的快速崛起，图像处理技术正日益成为解决多种问题的利器。其中，目标识别和图像融合是两类基础且重要的任务。目标识别任务旨在图像中准确地识别目标类别，这一基础任务是目标检测等高级任务中不可或缺的一环；而图像融合任务旨在提取多个源图像有用信息，并生成一幅信息量更为丰富的图像。两项任务各有侧重，但也存在关联。图像融合可为目标识别提供质量更高的输入图像，而目标识别能为图像融合的过程提供语义指导等辅助信息。随着计算机视觉技术的不断发展，上述两项技术的重要性也愈发凸显。本书致力于深入探讨图像融合和目标识别技术及应用，是著者于该领域研究成果的总结，期望能为读者提供从事该领域的基础知识及启发。

本书共 8 章。第 1 章介绍了图像融合与目标识别的目的、意义、基本概念、技术指标、研究历史及现状，帮助读者简要了解两项基本技术的全貌。第 2 章介绍了卷积神经网络，说明卷积神经网络的基本结构和组成，以便读者了解后续章节内容。第 3 章介绍了特征表示学习的多源图像融合，重点关注网络提取更好的图像特征，以进行高效图像融合。第 4 章介绍了多域特征对齐的多源图像融合，探索了目标检测任务和图像融合任务的联合训练，以提升图像融合任务的性能。第 5 章介绍了小样本遥感目标识别，提出了在训练样本稀缺的情况下依旧能实现高性能目标识别的方法。第 6 章介绍了复杂样本分布的遥感目标识别，在数据集内部，不同类别的数据分布很可能极不均匀，同一类别的不同样本也可能风格迥异，这类复杂样本分布会影响算法性能，本章针对这一问题提出了相应解决方案。第 7 章介绍了图像融合和目标识别的实际应用，提供了 6 种实际应用场景，并给出了可供参考的系统实现方式和流程框图。第 8 章回顾并总结本书内容，同时分析了研究领域内现存的问题及未来展望。

本书将理论知识与实际应用相结合，以使读者能够更好地理解图像融合和目标识别技术的核心概念和应用方法。大连理工大学研究生胡广、张骁、崔恒帅、何睿坤、王文波、贾蝶蝶、李云祥、张哲溥为本书内容贡献了资料并进行了校对。由于著者水平有限，本书内容难免存在疏漏之处，恳请广大读者提出宝贵的意见和建议。

目　录

第1章　绪论 ·· 1

1.1　图像融合与目标识别的目的和意义 ·· 1
1.2　图像融合与目标识别中的相关基本概念 ·· 2
  1.2.1　图像融合 ·· 2
  1.2.2　目标识别 ·· 3
1.3　图像融合与目标识别算法的设计要求和主要技术指标 ······················ 4
  1.3.1　图像融合与目标识别算法的工程设计 ·· 4
  1.3.2　图像融合与目标识别算法的评估 ·· 4
1.4　图像融合与目标识别技术的研究历史及现状 ······································ 6
  1.4.1　图像融合 ·· 6
  1.4.2　目标识别 ·· 8
1.5　本书的研究范围和概览 ·· 9
参考文献 ·· 11

第2章　卷积神经网络 ·· 15

2.1　引言 ·· 15
2.2　神经网络 ·· 15
  2.2.1　神经元 ·· 15
  2.2.2　感知机 ·· 17
  2.2.3　BP网络与反向传播算法 ·· 18
2.3　卷积神经网络的基本概念和基本结构 ·· 20
  2.3.1　卷积神经网络的基本概念 ·· 20
  2.3.2　卷积神经网络的基本结构 ·· 21
  2.3.3　卷积神经网络之图像融合识别典型模型 ······································ 24
2.4　小结 ·· 33
参考文献 ·· 33

第3章　特征表示学习的多源图像融合 ·· 35

3.1　引言 ·· 35
3.2　交互式特征嵌入的图像融合 ·· 35
  3.2.1　方法背景 ·· 35
  3.2.2　交互式特征嵌入的图像融合网络模型 ·· 37
  3.2.3　模型训练 ·· 40

		3.2.4 实验	41

3.3 联合特定和通用特征表示的图像融合 ··· 46
    3.3.1 方法背景 ··· 46
    3.3.2 联合特定和通用特征表示的图像融合网络模型 ··· 48
    3.3.3 模型训练 ··· 52
    3.3.4 实验 ··· 53

3.4 小结 ··· 58
参考文献 ··· 59

第4章 多域特征对齐的多源图像融合 ··· 63
4.1 引言 ··· 63
4.2 自监督特征自适应的图像融合 ··· 63
    4.2.1 方法背景 ··· 63
    4.2.2 自监督特征自适应的图像融合网络模型 ··· 64
    4.2.3 模型训练 ··· 68
    4.2.4 实验 ··· 69

4.3 基于元特征嵌入的图像融合 ··· 79
    4.3.1 方法背景 ··· 79
    4.3.2 基于元特征嵌入的图像融合网络模型 ··· 80
    4.3.3 模型训练 ··· 84
    4.3.4 实验 ··· 86

4.4 小结 ··· 94
参考文献 ··· 95

第5章 小样本遥感目标识别 ··· 98
5.1 引言 ··· 98
5.2 协作蒸馏的遥感目标识别 ··· 99
    5.2.1 方法背景 ··· 99
    5.2.2 协作蒸馏的遥感目标识别网络模型 ··· 100
    5.2.3 模型训练 ··· 103
    5.2.4 实验 ··· 103

5.3 弱相关蒸馏的遥感目标识别 ··· 111
    5.3.1 方法背景 ··· 111
    5.3.2 弱相关蒸馏的遥感目标识别网络模型 ··· 113
    5.3.3 模型训练 ··· 115
    5.3.4 实验 ··· 117

5.4 小结 ··· 124
参考文献 ··· 124

第6章 复杂样本分布的遥感目标识别 ········· 128

- 6.1 引言 ········· 128
- 6.2 层次蒸馏的长尾目标识别 ········· 128
  - 6.2.1 方法背景 ········· 128
  - 6.2.2 层次蒸馏的长尾目标识别网络模型 ········· 130
  - 6.2.3 模型训练 ········· 134
  - 6.2.4 实验 ········· 135
- 6.3 风格内容度量学习的多域遥感目标识别 ········· 142
  - 6.3.1 方法背景 ········· 142
  - 6.3.2 风格内容度量学习的多域遥感目标识别网络模型 ········· 145
  - 6.3.3 模型训练 ········· 149
  - 6.3.4 实验 ········· 150
- 6.4 小结 ········· 157
- 参考文献 ········· 158

第7章 图像融合和目标识别的实际应用 ········· 161

- 7.1 引言 ········· 161
- 7.2 图像融合的应用 ········· 161
  - 7.2.1 安防监测 ········· 161
  - 7.2.2 火灾识别 ········· 162
  - 7.2.3 行人检测 ········· 163
- 7.3 遥感目标识别的应用 ········· 164
  - 7.3.1 舰船识别 ········· 164
  - 7.3.2 灾害探测 ········· 165
  - 7.3.3 海上搜救 ········· 166
- 7.4 小结 ········· 167
- 参考文献 ········· 167

第8章 回顾、建议与展望 ········· 171

- 8.1 引言 ········· 171
- 8.2 研究成果回顾 ········· 171
- 8.3 问题与建议 ········· 172
- 8.4 研究方向展望 ········· 173
- 8.5 小结 ········· 174

第1章 绪　　论

1.1　图像融合与目标识别的目的和意义

计算机视觉这一概念自 20 世纪诞生以来，便引起了学界的广泛关注和深入研究。这一技术使得计算机具备了"看"的能力，能够学会理解和解释视觉信息，从而成为计算机在生产和生活中走向实用化的关键技术之一。历经几十年发展，在当今数字时代，计算机视觉技术已经成为科技创新的重要引擎，在许多领域都产生了深远的影响，并推动了科技的不断演进和社会的数字化转型，深刻改变着人类与数字信息互动的方式。从早期的简单图像处理到如今深度学习的应用，计算机视觉技术不断拓展着其应用领域，为各行各业带来了前所未有的机遇。

在计算机视觉领域的早中期发展阶段，研究人员通常采用手工设计的方法来提取图像中的信息，如纹理、梯度等，这些高度提炼的信息被称为特征。随后，再利用这些特征来完成分类等任务。然而，随着具体任务场景复杂性和多样性的增加，设计全面且有效的特征提取方法变得非常具有挑战性。为解决这一问题，研究者们开始探索更高级的特征提取方法。例如，2008 年，FELZENSZWALB P 等人提出了 DPM 算法[1]，该算法采用了改进的方向梯度直方图（Histogram of Oriented Gradients，HOG）特征和支持向量机分类器，在卷积神经网络出现之前几乎是目标检测性能最佳的方法之一。随着大规模数据集和图形处理器（Graphics Processing Unit，GPU）的出现，卷积神经网络（Convolutional Neural Networks，CNN）引起了广泛关注。卷积神经网络通过深层卷积操作自动学习图像特征和分类器，极大地提高了许多任务的效率和准确率。时至今日，计算机视觉领域的大部分研究任务都依赖于卷积神经网络这一强大工具。本书将在第 2 章详细介绍卷积神经网络，以便读者理解后续内容。

计算机视觉领域涵盖了众多具体的研究任务，其中包括但不限于目标检测、语义分割和目标识别等。本书旨在向读者介绍两类基础但又重要的计算机视觉任务，即图像融合与目标识别。

图像数据包含丰富而宝贵的信息，大量的图像数据构成了计算机视觉领域的基石。为了获取更高质量的图像信息，传感器成像技术不断得到发展。不同的图像传感器因其工作原理、成像波长和适用环境等因素的影响，导致获得的图像特征存在显著差异。然而，单个图像传感器仅能从单一角度解释图像数据，存在一定的局限性。例如，在同一场景下，使用不同传感器可能采集到不同的信息；即便是在同一场景下的单个传感器，随着其各类参数的变化，也可能获得差异明显的信息。为了克服这些问题，更好且更全面地获取场景中有价值的信息，人们提出了图像融合任务，即将多个传感器获取的同一场景图像进行融合，以更准确和清晰的方式描述场景中的信息，该任务的示意图如图 1.1（a）所示。在图像融合的过程中，不仅能够综合利用多个传感器的信息，还能够弥补各个传感器的局限性，提高图像数据的全面性和可靠性。通过将多源信息有机地结合在一起，我们能够实现对场景更深入的理解,从而为计算机视觉的相关任务提供更为丰富和精准的输入数据。

目标识别任务在计算机视觉领域中扮演着至关重要的角色,其核心目标是准确地区分图像中物体的具体类别。这一任务不仅是视觉处理中的基础环节,也是许多高级任务(如目标检测)中不可或缺的一环。在目标识别中,算法需要能够理解并解释图像中的各种特征,以识别并将物体精准地分类至其特定的类别中,该任务的示意图如图 1.1(b)所示。目标识别的复杂性体现在对图像中不同物体的多样性和复杂性的处理上。这不仅包括物体的尺寸、形状、颜色、纹理等方面的差异,还涉及不同背景、光照等场景条件。因此,有效的目标识别算法需要具备强大的泛化能力,能够在各种场景下准确地识别目标。

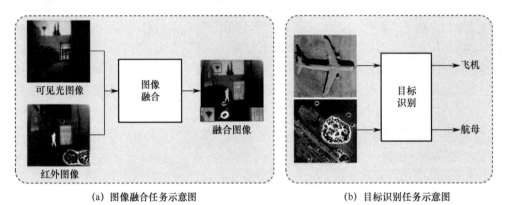

(a) 图像融合任务示意图　　　　　　(b) 目标识别任务示意图

图 1.1　图像融合及目标识别任务示意图

图像融合任务和目标识别任务各有侧重。图像融合任务将多幅图像有机结合,令输出图像能同时含有输入图像中的有效信息,因此更适合作为一种图像增强手段,作为人工图像分析或计算机图像处理的前置操作,故常被用于安保[2]、监控[3]、目标追踪[4]等应用中。而目标识别任务需要深入理解整幅图像及其语义信息,是相对高层级的视觉任务,故可以被直接应用于目标检测等任务中。同时,图像融合任务和目标识别任务两者之间也能构成互补的关系:一方面,图像融合能够促进目标识别性能,两者可以形成图像融合–目标识别的任务链,以使用更高质量的融合图像增强目标识别任务的性能[5];另一方面,目标识别模型的优秀语义信息提取能力能为图像融合任务提供有力支援。

随着技术的发展和硬件的进步,对卷积神经网络的研究变得更加深入和广泛。新的图像融合和目标识别算法也不断涌现,逐步融入人们的现实生活,广泛应用于资源调查、环境监测、军事国防等领域。在人们数字化生活不断推进的过程中,这两项任务作为相对基础的计算机视觉任务,重要性将日益凸显。

1.2　图像融合与目标识别中的相关基本概念

1.2.1　图像融合

本节将总结图像融合任务中的常见分类及基本概念,以便读者理解后续章节的内容。

图像融合任务具有广泛的研究场景,大致可以分为以下几类:红外和可见光图像融合、医学图像融合、遥感多光谱图像融合及多聚焦图像融合，在各类场景中的输入源图像中，均含有能够互补的有价值信息。其中，红外和可见光图像融合是最为常见的融合情景。具体而言，红外传感器通过检测目标的热量辐射来获得红外图像，并通过图像中目标的亮度高低来反映其表面温度。由于红外传感器所获取的是热量信息，因此红外图像可以很好地捕捉目标的结构与轮廓，且具有优秀的抗干扰能力和高对比度，使其能够在全天候工作，即使在恶劣条件下也能够获得高质量的图像。然而，正因为其只采集热量信息，有时红外图像的清晰度和视觉效果可能并不理想，因此并不适宜进行人眼观察。与此相反，可见光图像是通过测量目标对可见光的反射来获取的。可见光图像与人类视觉系统相匹配，具有丰富的光谱信息和清晰的边缘细节。然而，在较差的环境和光照条件下，可见光图像的成像质量可能会受到影响，其抗干扰性较差。综上所述，红外图像和可见光图像各自具备独特的优势和劣势，呈现出显著的互补性。为此，将红外图像和可见光图像进行融合，可得到兼具强大抗干扰性和卓越视觉效果的综合图像。融合后的图像不仅在视觉效果上更为优越，还能同时展示可见光图像提供的细节纹理信息，以及红外图像提供的热量信息，更详细地描述成像场景。医学图像融合更注重凸显融合图像中组织结构的表示，如将磁共振成像图像和正电子发射断层扫描图像融合。遥感多光谱图像融合的输入往往是多幅源图像，以将多个波段的遥感图像信息融合，在融合过程中相对关注纹理结构。多聚焦图像融合是为了融合由成像设备所获得的聚焦点不同的图像，最终获得全聚焦清晰图像。在各类场景中，图像融合算法均期望能挖掘出不同源图像中的有价值信息，并将这些信息和谐统一地在融合图像中呈现出来，故针对不同使用情景，往往需要设计不同的算法。

在卷积神经网络得到广泛关注之前，传统图像融合算法依赖手工提取特征和设计融合规则实现。主要手段包括基于多尺度分解的融合、基于稀疏表示的融合、基于子空间的融合及基于显著性的融合等。基于多尺度分解的融合方法通常包括三个步骤：多尺度分解、按一定规则融合分解出的分量、使用融合后的分量重构图像[6]。基于稀疏表示的融合首先对大量图像进行学习，获取一个过完备的字典，然后使用该字典对源图像进行稀疏编码和融合[7]。基于子空间的融合则提取源图像的公共子空间特征进行融合。而基于显著性的融合则以显著性检测结果为导向完成融合。然而，这些传统方法难以处理复杂的融合场景，且往往无法克服多幅源图像之间的域差异。目前，主流的基于卷积神经网络的图像融合方法可分为两类：基于基础卷积神经网络的方法和基于生成式对抗网络的方法。基于基础卷积神经网络的方法采用多种思路，如通过卷积神经网络预测每幅源图像的权重，然后进行加权融合；有的方法则直接使用卷积神经网络分解提取图像特征，然后直接进行重建完成融合。而基于生成式对抗网络的方法则利用生成器和判别器之间的博弈进行融合。具体而言，生成器用于生成融合图像，而判别器需要判别输入的图像是来自源图像还是融合图像。当生成器的结果足以欺骗判别器，使其难以区分时，说明融合结果成功克服了源图像之间的域差异。

1.2.2 目标识别

相较于图像融合任务，目标识别任务的具体使用场景更为广泛，难以全面论述，本书将着重讨论遥感目标识别这一难度较高、应用较广、研究较多的使用场景。本节将介绍遥感图像识别的基本概念及常见分类。

遥感是利用卫星、飞机等平台上的成像设备采集地球表面或近地空间的图像,探测和识别地球资源和环境信息的技术[8],针对遥感图像的目标识别在船舶交通服务、渔业管理,尤其是军事战争中发挥着至关重要的作用。不同于普通光学图像,遥感图像是由成像设备客观真实地记录和反映地表物体电磁辐射强度,并按照一定比例远距离采集得到的地表丰富信息,具有诸多特点。首先,遥感图像受遥感设备的限制及所处的外部拍摄环境的影响,常会出现目标轮廓面模糊、形状结构复杂、图像明暗不一等问题,对遥感图像的目标识别带来较大的难度。其次,遥感图像中的目标往往小且密集排列。最后,遥感图像训练真值的人工标注成本高、训练数据集相对较少。因此,遥感图像识别算法应该针对遥感图像自身特点来调整算法设计重心。

传统的目标识别算法人工设计方案在提取图像的纹理、梯度、频率等特征后,再利用支持向量机等分类器完成种类识别。随着卷积神经网络的发展,人们可以依靠卷积神经网络强大的特征提取能力进行目标识别,因此在最近的研究中,研究重心往往倾向于如何设计更优秀的网络框架,提取更优良的特征表示。故基于卷积神经网络的目标识别算法,可以高度凝练为特征提取–特征分类的流程。

1.3 图像融合与目标识别算法的设计要求和主要技术指标

1.3.1 图像融合与目标识别算法的工程设计

在工程中应用图像融合算法时,融合性能、实时性、鲁棒性及泛化性是需要重点考虑的几项因素。其中,融合性能可以从信息量和保真度这两方面进行衡量,信息量要求融合算法能保留输入源图像中的有价值信息,并有机地在融合图像中结合,是图像融合算法在工程系统中能否实际发挥作用的根本度量;保真度要求图像融合算法在融合图像视觉效果上表现好,避免因网络处理而可能导致图像失真等问题,确保融合图像的综合质量。良好的实时性是将图像融合算法作为系统中前置图像增强模块的根本保证,对于大部分需要实时处理的应用而言,融合算法的速度和效率至关重要。鲁棒性要求融合算法能应对噪声、光照变化、图像畸变等干扰因素,以确保在复杂环境中依然能够有效地执行图像融合,避免严重的性能退化。泛化性则期望融合算法能够适应不同类型、分辨率和质量的输入图像,以应对多样化的应用场景。在实践中可以发现,这些要素之间存在相互制约和平衡的难题,难以同时实现最优态,往往需要根据具体的应用场景进行权衡。

将目标识别算法应用于实际工程中时,识别准确性、实时性、鲁棒性及泛化性同样是工程人员需要衡量并有所取舍的几项因素。对于目标识别系统而言,识别准确性是优先度最高的设计要求,目标识别算法应能够准确地将图像分为正确的类别,以确保高质量的分类结果。

1.3.2 图像融合与目标识别算法的评估

图像融合算法的常见评估指标如下。

(1) 平均梯度(AG)。平均梯度常被用来描述图像中灰度或颜色的变化强度,平均梯度越大，融合图像的边缘细节越清晰。

$$\text{AG} = \frac{1}{M \times N} \sum_{i=1}^{M-1} \sum_{j=1}^{N-1} \left(\frac{1}{2} x_{(i,j)} - x_{(i+1,j)} \right)^2 + (x_{(i,j)} - x_{(i,j+1)}^2)^{\frac{1}{2}} \tag{1.1}$$

式中，i 和 j 为像素的坐标；$x_{(i,j)}$ 为对应的像素值；M 和 N 分别表示图像 x 的高度和宽度。

（2）信息熵（EN）。被用于衡量图像的信息含量，其值越大代表融合图像信息量越多。

$$\text{EN} = \sum_{l=1}^{L-1} p_l \log_2 p_l \tag{1.2}$$

式中，L 为灰度级；p_l 为灰度级 l 的归一化直方图。

（3）空间频率（SF）。被用于反映图像灰度的变化率，越大代表融合图像越清晰。

$$\text{SF} = \left(\frac{1}{2M \times N} \left(\sum_{i=1}^{M-1} \sum_{j=1}^{N-1} (x_{(i,j)} - x_{(i+1,j)})^2 + \sum_{i=1}^{M-1} \sum_{j=1}^{N-1} (x_{(i,j)} - x_{(i,j+1)}^2) \right) \right)^{\frac{1}{2}} \tag{1.3}$$

式中，i 和 j 为像素的坐标；$x_{(i,j)}$ 为对应的像素值；M 和 N 分别表示图像 x 的高度和宽度。

（4）均方差（MSD）。被用于衡量融合图像的质量，越大的均方差一般代表更好的图像清晰度。

$$\text{MSD} = \left(\frac{\sum_{i=1}^{M} \sum_{j=1}^{N} \left(x_{(i,j)} - \frac{\sum_{i=1}^{M} \sum_{j=1}^{N} x_{(i,j)}}{M \times N} \right)^2}{M \times N} \right)^{\frac{1}{2}} \tag{1.4}$$

式中，i 和 j 为像素的坐标；$x_{(i,j)}$ 为对应的像素值；M 和 N 分别表示图像 x 的高度和宽度。

（5）灰度差（GLD）。融合图像中的梯度信息量。GLD 越大，融合结果中包含的纹理信息就越多。

$$\text{GLD} = \frac{1}{(M-1)(N-1)} \sum_{i=1}^{M-1} \sum_{j=1}^{N-1} |I_f(i,j) - I_f(i+1,j)| + |I_f(i,j) - I_f(i,j+1)| \tag{1.5}$$

式中，M 和 N 分别表示融合图像 I_f 的高度和宽度。

（6）互信息（MI）。互信息可以用来衡量两幅图像包含信息之间的相似度。通过分别计算图像融合结果与输入红外图像之间的互信息、图像融合结果与输入可见光图像之间的互信息，可以很好地体现融合结果中信息与源图像对中信息之间的相似度。互信息的数值越大，说明融合结果中融合了更多的源图像信息。

$$\text{MI} = \text{MI}(I_I, I_F) + \text{MI}(I_V, I_F) \tag{1.6}$$

式中，I_F 为图像融合结果；I_I 为输入的红外图像；I_V 为输入的可见光图像。

MI(X,Y)的计算公式为

$$\mathrm{MI}(X,Y) = \sum_{x,y} P_{X,Y}(x,y) \log_{10} \frac{P_{X,Y}(x,y)}{P_X(x)P_Y(y)} \tag{1.7}$$

式中，$P_X(x)$ 为图像 X 的灰度分布直方图；$P_Y(y)$ 为图像 Y 的灰度分布直方图；$P_{X,Y}(x,y)$ 为图像 X 与 Y 的联合灰度分布直方图。

（7）视觉信息保真度（VIFF）。视觉信息保真度可以反映融合结果中有多少对于人类视觉有效的信息，该指标的数值越大，说明融合结果与源图像之间的信息连续性越好，融合图像的失真程度越小。

其计算过程可以大致分为四个部分。第一，将源图像与融合结果分为 B 个区域，并分成 k 个波段进行滤波；第二，评估每个区块间的视觉信息失真程度；第三，计算每个波段的 VIFF；第四，通过对每个波段的 VIFF 进行加权得到最终的 VIFF。图像融合视觉信息保真度的计算公式为

$$\mathrm{VIFF}(I_\mathrm{I}, I_\mathrm{V}, I_\mathrm{F}) = \sum_k \sum_b w_k \frac{\mathrm{VID}_{k,b}(I_\mathrm{I}, I_\mathrm{V}, I_\mathrm{F})}{\mathrm{VIND}_{k,b}(I_\mathrm{I}, I_\mathrm{V}, I_\mathrm{F})} \tag{1.8}$$

式中，I_F 为图像融合结果；I_I 为输入的红外图像；I_V 为输入的可见光图像；k 为波段索引；b 为区域索引；w_k 为第 k 个波段的权重。$\mathrm{VID}_{k,b}$ 与 $\mathrm{VIND}_{k,b}$ 分别代表第 b 个区域的第 k 个波段的失真视觉信息与无失真视觉信息度量。

目标识别算法的常见评估指标如下。

（1）准确率（Acc.）。它是指分类模型正确预测的样本数占总样本数的比例。

$$\mathrm{Acc.} = \frac{\mathrm{TP+TN}}{\mathrm{TP+TN+FP+FN}} \tag{1.9}$$

式中，TP 为被预测为正样本的正真值样本的数量；FN 为被预测为负样本的正真值样本的数量；TN 为被预测为负样本的负真值样本的数量；FP 为被预测为正样本的负真值样本的数量。

（2）精率（Pre.）。它是指在模型预测为正例的样本中，实际为正例的比例。它衡量的是模型在正例预测中的准确性。

$$\mathrm{Pre.} = \frac{1}{C} \sum_{i=1}^{C} \frac{\mathrm{TP}_i}{\mathrm{TP}_i + \mathrm{FP}_i} \tag{1.10}$$

式中，C 为总的类别数。

（3）召回率（Rec.）。它是指在所有实际正例中，模型成功预测为正例的比例。

$$\mathrm{Rec.} = \frac{1}{C} \sum_{i=1}^{C} \frac{\mathrm{TP}_i}{\mathrm{TP}_i + \mathrm{FN}_i} \tag{1.11}$$

1.4 图像融合与目标识别技术的研究历史及现状

1.4.1 图像融合

在本节中，将全面回顾图像融合方法的研究历程，同时概述该领域当前的研究状况。

传统的图像融合方法主要利用手工设计的特征来进行图像融合，如稀疏表示[9-10]，光

谱变化[11]等。LI H 等人[12]提出了一种基于潜在低秩表示的多级图像分解方法,将源图像分解为细节部分和基础部分,然后对于不同的部分设计相应的融合算法来实现图像融合任务。晁锐等人[13]提出了基于小波变换的图像融合算法,并针对小波分解的不同频率域研究设计了不同的系数选择方案。杨桄等人[14]针对图像融合中对比度较低与细节损失等问题,提出了一种多特征加权的图像融合算法,该算法对边缘特征、梯度特征等进行组合,然后进行多尺度逆变换得到融合图像。然而,大多数传统的图像融合算法依赖手工设计特征方法,其提取到的特征表示能力比较单一,无法全面地描述输入的源图像,因此这些算法在面对复杂的现实场景时,得到的融合效果受到很大的限制。

最近,随着卷积神经网络等深度学习技术的发展,深度学习模型提取图像特征的能力不断上升,在多种任务上,各种基于深度学习的算法都展现了较高的性能。在图像融合任务上也不例外,基于深度学习算法的效果相较于传统算法有了显著的提升。目前基于深度学习算法的研究主要集中在以下几个方面:设计合理的网络结构、构建有效的模型约束(如损失函数)等。

在网络结构研究方面,ZHANG Y 等人[15]设计了一种通用的全卷积模型,该模型对于每个输入图像利用一个卷积神经网络提取特征,然后根据输入图像的类型选择合适的融合规则将输入图像的特征进行融合并生成融合结果。王洪斌[16]等人设计了两个独立的分支网络逐级计算光谱特征与空间特征,提升了融合后图像的空间细节。MA J 等人[17]提出了一个卷积神经网络与 Swin Transformer[18]结合的图像融合框架,利用卷积神经网络提取图像的局部特征,利用 Swin Transformer 提取图像的全局特征,最终把局部与全局特征进行融合来生成融合结果。有关融合模型约束的研究往往会与方法框架等方面结合。XU H 等人[19]提出了一个全新的观点:源图像是由场景和传感器模式的联合作用形成的,并基于此观点设计多种损失与网络结构分解源图像信息特征用于图像融合。LIU J 等人[20]提出了一个带有目标检测标注的图像融合数据集 M3FD,并通过一个预训练的显著性检测网络,分离红外图像的前景与背景,然后分别对前景与背景设置专门的鉴别器,提升了融合图像中前景的结构完整度。特别地,在 LIU J 的方法中,一个目标检测模型被直接用作图像融合模型的约束,用于优化图像融合网络生成带有清晰目标的融合结果。相似地,ZHAO W 等人[21]结合融合与目标检测,提出了一种基于目标检测元特征嵌入的红外图像与可见光图像融合方法。其核心思想是设计目标检测元特征嵌入模型,根据融合网络的能力生成对象语义特征,使语义特征与融合特征自然兼容,该过程采用元学习进行优化。ZHAO F 等人[22]实现了一种自监督策略,采用编码器网络进行自适应特征提取,然后利用两个具有注意力机制块的解码器以自监督的方式重构源图像,迫使自适应特征包含源图像的重要信息。此外,针对源图像信息质量较低的情况,设计了一种红外与可见光图像融合的增强模型,提高了融合方法的鲁棒性,着重于提取更优秀的特征。ZHAO F 等人[23]通过学习特定领域和通用领域的特征表示,提出了一种新的多领域图像融合通用框架。一方面,设计分而治之的方法来解决单领域内的领域自适应问题;另一方面,采用单领域融合模型设计多领域融合框架以解决特定领域特征表示问题。此外,ZHAO F 等人[24]在红外和可见光图像融合的自监督学习框架中,设计了一种新的交互式特征嵌入提取方法,可以有效地提取源图像的层次表示,并试图改善重要信息退化的问题。

近期，也有将图像融合结合进生成式对抗网络框架的研究。MA J 等人[25]开发了 FusionGAN，在对抗生成损失中加入图像的内容损失，约束生成器输出的结果更加真实且减少图像内容（如纹理、边缘等）的丢失，提升了网络的融合效果，该方法能够生成具有红外强度和主导可见梯度的融合结果。在此基础上，DDcGAN[26]采用具有两个判别器的生成器，通过特别设计的内容损失增强了热目标的边缘信息。后来，MA J 等人[27]设计了一种基于保留细节的对抗学习的变体，其中基于 FusionGAN 设计了细节损失和目标边缘增强损失。与 FusionGAN 相比，这种方法能够更好地保留源图像的重要特征。

1.4.2 目标识别

在本节中，将全面回顾目标识别方法的研究历程，同时概述该领域的当前研究状况。

在早期的遥感图像目标识别相关方法研究中，人们主要依靠基于图像统计特征的方法来进行遥感图像目标分类。这些基于传统特征的方法主要依赖于图像本身的特征（如颜色直方图、光谱分布、主成分分析等）进行聚类规则或判断规则的选定，利用图像数据分布的内在规律来进行分类。陈华等人[28]利用像素之间的误差平方和作为评判准则，通过计算像素均值选取聚类中心点进行动态迭代的聚类，实现了基于 K-means 算法的目标识别算法。王志刚等人[29]提出使用主成分分析方法进行遥感图像目标识别的应用，首先获得数据矩阵的协方差矩阵，并且进一步计算得到协方差矩阵的特征值和特征向量，随后选择数据分布差异最大，也就是特征值的最大协方差矩阵作为投影方向进行数据降维，最终将多维的图像数据降低为低维的主成分，以进行分类分析，但是这种方法计算复杂、过程烦琐、效率较低。刘伟强等人[30]引入支持向量机来克服常规分类方法计算复杂度高、无法解决非线性问题等困难，并且针对支持向量机的核空间无法自适应地选择核函数等问题提出了自适应最小距离分类方法，其分类准确率高于普通的线性分类方法。早期的研究也涉及人工神经网络，尤其是多层感知器的使用，主要使用的方法是 RUMELHART D E 等人[31]提出的前向多层网络及其对应的反向传播更新算法。

总而言之，使用基于手工设计特征的传统方法进行遥感图像目标识别的应用受到了一定的限制，主要是由于传统特征表示能力和信息提取能力有限、人工设计的特征选取规则严重依赖于研究者的先验设置，计算复杂度较高，并且无法很好地处理非线性分类问题等挑战；随着相关算法研究的进一步发展，基于卷积神经网络的深度学习模型凭借其强大的特征提取能力、抽象理解能力，以及高度的准确率和效率逐渐取代了传统的遥感图像目标识别方法。

早期使用深度学习进行遥感图像目标分类的方法主要使用如深层卷积神经网络 VGG[32]、残差连接卷积神经网络 ResNet[33]等通用的基于深度学习的特征提取器，并配合遥感图像目标分类的真值进行损失计算，获得用于遥感图像目标分类的深度模型。最近的一些工作提出使用不同层级的深度特征融合进行高表征性的特征提取。例如，CUI Z 等人[34]提出了使用 U 形全卷积网络进行多级特征的提取与融合，随后进行遥感图像的目标分类等分析回归工作。FANG W 等人[35]提出了使用特征金字塔网络并搭配特别设计的金字塔特征均衡策略进行多级图像特征融合，随后进行遥感图像的目标分类与检测。LI L 等人[36]提出了一个改进的残差条件生成网络，以提高生成图像的质量和负样本的图像质量：首先建立一个基于残差卷积的图像处理模块,以统一不同类型目标的细节纹理,然后使用像素梯度损失和 Wasserstein 损失作为鉴别器,以提高真实样本之间的相似性和生成图像的内部多样性,最后训练出一个可以生成高质量遥感图像,并且能够准确分类的深度学习模型。MA W 等人[37]设计了一种用于多分辨率遥感图像分类的自适应混合融合网络,其中包括数据融合和特征融合两部分,在数据融合部分使用了一种自适应加权强度-色调-饱和度策略,该策略从信息共享的角度,通过自适应添加彼此的独特信息来减小不同遥感图像之间的差异;在特征融合部分,从特征的二阶相关性出发,提出了基于相关性的注意力特征融合模块。LI X 等人[38]使用卷积神经网络和支持向量机结合的方式进行特征的提取,在训练阶段使用全卷积网络进行数据建模,在测试阶段使用支持向量机进行推理判断。HAN Y 等人[39]针对遥感图像中船舶的细粒度分类专门提出了一种高效信息融合复用网络,考虑到对多尺度船舶的分类鲁棒性,他们设计了一个具有两个融合方向的密集特征融合网络,以最大限度地利用多层信息并且减少信息冗余。然后,通过双掩码注意模块对融合后的特征图进行细化,通过加强对遥感图像目标的区分和抑制杂波,提高在密集和杂波场景中的性能。LI J 等人[40]对于遥感图像细粒度分类提出了一个背景滤波网络和一个船舶细粒度分类网络:背景滤波网络用于快速滤除背景区域,而船舶细粒度分类网络用于检测船舶目标和区分船舶类别。LIU Y 等人[41]认为在卷积神经网络中,高层信息更加抽象,而低层也为图像表示提供了非常丰富和强大的信息,在此理论基础上他们提出了自适应地结合卷积神经网络中间层和全连接层的激活,以生成一个新的具有有向无环图拓扑结构的卷积神经网络,他们融合 CaffeNet[42]和 VGG-Net 的卷积层和全连接层的特征,借此来获得具有更好表现能力的特征提取器。目标识别任务中存在小样本问题,ZHAO W 等人[43]提出了一种用于小样本遥感目标识别的多样性一致性学习方法,设计多样性生成模型作为教师模型,以生成多样化的结果,随后引入循环一致性蒸馏模型将不同伪标签的知识蒸馏到一个学生网络中,从而提高了识别精度;此外,ZHAO W 等人[44]为缓解小样本条件的负面影响,还提出了一种弱相关的提炼方法,从教师模型中选择弱相关的特征来进行蒸馏,由于弱相关特征包含不同且可以相互抑制的噪声分布,最终提高了学生模型的表现。ZHAO W 等人[45]提出了一种新的分层蒸馏框架来改善遥感图像中的长尾目标识别问题,构建了分层教师级蒸馏来改进,用中间和尾部数据训练的教师模型特征表示,并将多个教师模型的知识蒸馏给统一的学生模型。ZHAO W 等人[46]针对遥感目标识别的泛化问题,设计了一个风格-内容度量学习框架,利用基于风格内容解耦互换的度量学习来鼓励模型根据内容而不是风格做出决策,提升了网络捕捉内容敏感而与风格无关的特征,获得了较好的泛化性能。

1.5 本书的研究范围和概览

图像融合和目标识别作为计算机视觉领域基础且关键的研究方向,其重要性日益凸显。图像融合技术旨在整合来自多个传感器的图像信息,以提高综合信息的质量和可用性。这种整合在实际应用中,尤其是在资源调查、环境监测和军事国防等领域,发挥着至关重要的作用。目标识别任务需要精准地区分物体的具体类别,这是计算机视觉任务中不可或缺的一环,也是诸如目标检测等高级任务的基础。本书总结了多年来图像融合和目标识别技术的研究成果和最新进展，着重介绍了多种图像融合及遥感目标识别的算法成果。通过系统地呈现这些技术在科学研究中的现状和在实际工程中的应用，旨在为读者树立对图像融合和目标识别领域的基本认知，并激发其对图像融合和目标识别领域的兴趣和启发。本书的结构框图如图1.2所示。

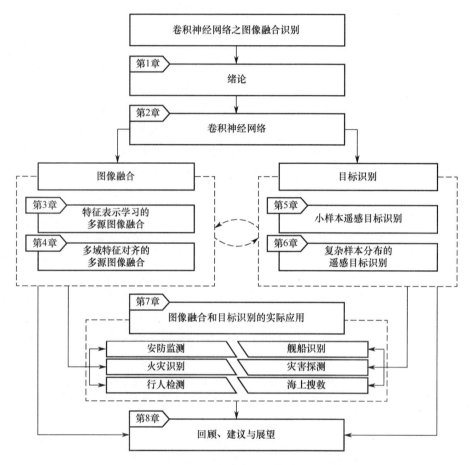

图 1.2　本书的结构框图

第 2 章：卷积神经网络。

卷积神经网络作为一种深度学习模型，以其卓越的图像处理和模式识别能力成为人工智能领域的一颗明星。卷积神经网络的研究历程源远流长，起源于对人工神经网络的探索，逐步演进至今日复杂而高效的网络结构。本章将带领读者探索以人工神经网络为始的卷积神经网络的发展历史，介绍卷积神经网络的基本结构和组成，并探讨一些具有代表性的经典卷积神经网络。通过对卷积神经网络的全面介绍，读者将更好地理解其在当今人工智能领域中的重要性和广泛应用，并为后续相关章节的理解奠定基础。

第 3 章：特征表示学习的多源图像融合。

特征表示学习是图像融合任务中的重要环节，更好的特征往往代表着对源图像有价值信息的高度概括。因此，本章着重于通过特征表示学习的方式整合多源图像的重要信息，从而构建出高质量的融合图像。围绕着图像融合中重要信息退化，以及单个领域的特定特征融合会导致其他领域应用程序的性能有限这两个重要问题，本章提出了交互式特征嵌入图像融合网络、联合特定和通用特征表示的图像融合网络，两者均在特征表示学习方法上进行了深入设计，并进行了充分实验以证明方法的有效性。

第4章：多域特征对齐的多源图像融合。

为了令图像融合产生的融合图像能有效提高后续视觉任务性能，本章将目光放在了目标检测任务和图像融合任务的联合训练上。然而，目标检测特征与图像融合特征存在一定的域差异，难以兼容。为此，本章探索了多域特征对齐方法，并提出了自监督特征自适应的图像融合网络和基于元特征嵌入的图像融合，利用元学习和自监督学习的特性完成了更优秀的联合训练。本章还将提供丰富的实验和结果分析供读者参考。

第5章：小样本遥感目标识别。

获取大量标注遥感样本的数据极其耗费人力和财力，因此人们提出了小样本遥感目标识别子任务。该任务需要对有限样本进行充分利用，在数据量稀缺的情境下提高遥感目标识别的性能。本章围绕蒸馏学习这类前沿学习范式，设计了新的协作蒸馏和循环一致性蒸馏方法，进一步提出协作蒸馏的遥感目标识别网络，以及弱相关蒸馏的遥感目标识别网络，有效地完成了小样本条件下的高性能目标识别。与先进方法的对比证明了设计算法的性能。

第6章：复杂样本分布的遥感目标识别。

在同一个数据集中，不同类别的数据分布可能极为不均匀，而对于不同数据集乃至同一个数据集内，由于拍摄条件、设备参数等成像要素的不同，数据集中的样本风格可能也具有较大差异。我们将这类分布情况称为复杂样本分布，可以预想的是，大部分目标识别模型是难以在这样的数据集上进行良好训练的。为此，本章提出了层次蒸馏的长尾目标识别网络和风格-内容度量学习的多域遥感目标识别网络来缓解该问题，并给出了相应的实验设置和结果分析，以证明提出方法克服了复杂样本分布所带来的干扰。

第7章：图像融合和目标识别的实际应用。

本章阐述了图像融合和目标识别技术在工程场景中的实际应用，并给出了系统实现方式和流程框图以供参考。具体而言，本章引入了六种实际应用场景：结合了图像融合的安防监测、火灾识别和行人检测，以及结合了目标识别的舰船识别、灾害探测和海上搜救。

第8章：回顾、建议与展望。

本章对本书的主要内容和研究成果进行了回顾，概括了图像融合和目标识别技术当前面临的问题，并对图像融合和目标识别技术的未来发展及值得关注的未解决课题进行了前瞻性探讨。

参 考 文 献

[1] FELZENSZWALB P, MCALLESTER D, RAMANAN D. A discriminatively trained, multiscale, deformable part model[C]//Institute of Electrical and Electronics Engineers, 2008 IEEE Conference on Computer Vision and Pattern Recognition, Anchorage, AK, USA, 2008. New Jersey: IEEE, 2008: 1-8.

[2] FAN X N, SHI P F, NI J J, et al. A thermal infrared and visible images fusion based approach for multitarget detection under complex environment[J]. Math. Problems Eng., 2015,2015: 1774-1778.

[3] RAGHAVENDRA R, DORIZZI B, RAO A, et al. Particle swarm optimization based fusion of near infrared and visible images for improved face verification[J]. Pattern Recognit., 2011,44（2）：401-411.

[4] ULUSOY I, YURUK H. New method for the fusion of complementary information from infrared and visual images for object detection[J]. IET Image Process., 2011,5（1）：36-48.

[5] WANG Y C, XIAO Y, LU J Y, et al. Discriminative multi-view dynamic image fusion for cross-view 3-d action recognition[J]. IEEE Trans. Neural Netw. Learn. Syst., 2022,33（10）：5332-5345.

[6] CHEN J, LI X J, LUO L B, et al. Infrared and visible image fusion based on target-enhanced multiscale transform decomposition[J]. Information Sciences, 2020, 508: 64-78.

[7] ZHANG Q, LIU Y, HAN J G, et al. Sparse representation based multi-sensor image fusion for multi-focus and multi-modality images: a review[J]. Information Fusion, 2018, 40: 57-75.

[8] 谭博彦. 遥感图像目标识别文献综述[J]. 电脑知识与技术, 2016（12X）：206-208.

[9] YU L, LIU S P, WANG Z F. A general framework for image fusion based on multi-scale transform and sparse representation[J]. Information Fusion, 2015, 24:147-164.

[10] 张文国, 李向东, 刘存超. 基于稀疏表示的SAR/红外图像彩色融合[J]. 舰船电子工程, 2016, 36（3）:4.

[11] ZHAO W D, LU H M, DONG W. Multisensor image fusion and enhancement in spectral total variation domain[J]. IEEE Transactions on Multimedia, 2018, 20(4): 866-879.

[12] LI H, WU X J, KITTLER J. MDLatLRR: a novel decomposition method for infrared and visible image fusion[J]. IEEE Transactions on Image Processing, 2020, 29:4733-4746.

[13] 晁锐, 张科, 李言俊. 一种基于小波变换的图像融合算法[J]. 电子学报, 2004, 32（5）：750-753.

[14] 杨桄, 童涛, 陆松岩, 等. 基于多特征的红外与可见光图像融合[J]. 光学精密工程, 2014, 22（2）：8.

[15] ZHANG Y, LIU Y, SUN P, et al. IFCNN: a general image fusion framework based on convolutional neural network[J]. Information Fusion, 2020,54:99-118.

[16] 王洪斌, 肖嵩, 曲家慧, 等. 基于多分支CNN的高光谱与全色影像融合处理[J]. 光学学报, 2021, 41（7）：9.

[17] MA J Y, TANG L F, Fan F, et al. SwinFusion: cross-domain long-range learning for general image fusion via swin transformer[J]. IEEE/CAA Journal of Automatica Sinica, 2022, 9（7）：1200-1217.

[18] LIU Z, LIN Y T, CAO Y T, et al. Swin transformer: hierarchical vision transformer using shifted windows[C]// Institute of Electrical and Electronics Engineers, 2021 IEEE/CVF International Conference on Computer Vision, Montreal, QC, Canada. New Jersey: IEEE, 2021: 9992-10002.

[19] XU H, WANG X Y, MA J Y. DRF: disentangled representation for visible and infrared image fusion[J]. IEEE Transactions on Instrumentation and Measurement, 2021, 99: 1-13.

[20] LIU J Y, FAN X Y, HUANG Z B, et al. Target-aware dual adversarial learning and a multi-scenario multi-modality benchmark to fuse infrared and visible for object detection[C]// Institute of Electrical and Electronics Engineers, 2022 IEEE/CVF Conference on Computer Vision and Pattern Recognition, New Orleans, LA, USA. New Jersey: IEEE,2022: 5792-5801.

[21] ZHAO W D, XIE S G, ZHAO F, et al. MetaFusion: infrared and visible image fusion via meta-feature embedding from object detection[C]// Institute of Electrical and Electronics Engineers, 2023 IEEE/CVF Conference on Computer Vision and Pattern Recognition (CVPR). New Jersey: IEEE, 2023: 13955-13965.

[22] ZHAO F, ZHAO W D, YAO L B, et al. Self-supervised feature adaption for infrared and visible image fusion[J]. Information Fusion, 2021, 76: 189-203.

[23] ZHAO F, ZHAO W D. Learning specific and general realm feature representations for image fusion[J]. IEEE Transactions on Multimedia (TMM), 2020, 23: 2745-2756.

[24] ZHAO F, ZHAO W D, LU H C. Interactive feature embedding for infrared and fisible image fusion[J]. IEEE Transactions on Neural Networks and Learning Systems [Early access], 2023.

[25] MA J Y, YU W, LIANG P W, et al. FusionGAN: a generative adversarial network for infrared and visible image fusion[J]. Inf. Fusion, 2019,48:11-26.

[26] MA J Y, XU H, JIANG J J, et al. DDcGAN: a dual-discriminator conditional generative adversarial network for multi-resolution image fusion[J]. IEEE Trans. Image Process., 2020, 29: 4980-4995.

[27] MA J Y, LIANG P W, YU W, et al. Infrared and visible image fusion via detail preserving adversarial learning[J]. Inf. Fusion,2020, 54: 85-98.

[28] 陈华, 陈书海, 张平, 等. K-means 算法在遥感分类中的应用[J]. 红外与激光工程, 2000（02）: 26-30.

[29] 王志刚, 朱振海, 王红梅, 等. 光谱角度填图方法及其在岩性识别中的应用[J]. 遥感学报, 1999, 3（1）: 60-65.

[30] 刘伟强, 陈鸿, 夏德深. 基于马尔可夫随机场的快速图像分割[J]. 中国图象图形学报: A 辑, 2001, 6（3）: 228-233.

[31] RUMELHART D E, HINTON G E, WILLIAMS R J. Learning representations by back-propagating errors[J]. nature, 1986, 323（6088）: 533-536.

[32] KRIZHEVSKY A, SUTSKEVER I, HINTON G. ImageNet classification with deep convolutional neural networks[J]. Communications of the ACM, 2017, 60（6）: 84-90.

[33] HE K M, ZHANG X Y, REN S Q, et al. Deep residual learning for image recognition[C]// Institute of Electrical and Electronics Engineers, Proceedings of the IEEE conference on computer vision and pattern recognition. New Jersey: IEEE, 2016: 770-778.

[34] CUI Z T, GUO W W, ZHANG Z H, et al. Ellipse-FCN: oil tanks detection from remote sensing images with fully convolution network[C]// Institute of Electrical and Electronics Engineers, IGARSS 2020-2020 IEEE International Geoscience and Remote Sensing Symposium. New Jersey: IEEE, 2020: 2855-2858.

[35] FANG W Z, SUN Y Y, JI R, et al. Recognizing global dams from high-resolution remotely sensed images using convolutional neural networks[J]. IEEE Journal of Selected Topics in Applied Earth Observations and Remote Sensing, 2021, 14: 6363-6371.

[36] LI L, WANG C, ZHANG H, et al. SAR image ship object generation and classification with improved residual conditional generative adversarial network[J]. IEEE Geoscience and Remote Sensing Letters, 2020, 19: 1-5.

[37] MA W P, SHEN J C, ZHU H, et al. A novel adaptive hybrid fusion network for multiresolution remote sensing images classification[J]. IEEE Transactions on Geoscience and Remote Sensing, 2021（99）: 1-17.

[38] LI X B, JIANG B T, WANG S J, et al. A human-computer fusion framework for aircraft recognition in remote sensing images[J]. IEEE Geoscience and Remote Sensing Letters, 2019（99）: 1-5.

[39] HAN Y Q, YANG X Y, PU T, et al. Fine-grained recognition for oriented ship against complex scenes in optical remote sensing images[J]. IEEE Transactions on Geoscience and Remote Sensing, 2021, 60: 1-18.

[40] LI J R, TIAN J W, GAO P, et al. Ship detection and fine-grained recognition in large-format remote sensing images based on convolutional neural network[C]// Institute of Electrical and Electronics Engineers,

IGARSS 2020-2020 IEEE International Geoscience and Remote Sensing Symposium. New Jersey: IEEE, 2020: 2859-2862.

[41] LIU Y S, LIU Y B, DING L W. Scene classification based on two-stage deep feature fusion[J]. IEEE Geoscience and Remote Sensing Letters, 2017, 15（2）: 183-186.

[42] JIA Y Q, SHELHAMER E, DONAHUE J, et al. Caffe: convolutional architecture for fast feature embedding[C]//Association for computing Machinery, Institute of Electrical and Electronics Engineers, Proceedings of the 22nd ACM international conference on Multimedia. New York:ACM,2014: 675-678.

[43] ZHAO W D, TONG T T, WANG H P, et al. Diversity consistency learning for remote-sensing object recognition with limited labels[J]. IEEE Transactions on Geoscience and Remote Sensing (TGRS), 2022, 60: 1-11.

[44] ZHAO W D, LV X Z, WANG H P, et al. Weakly correlated distillation for remote sensing object recognition[J]. IEEE Transactions on Geoscience and Remote Sensing, 2023.

[45] ZHAO W D, LIU J N, LIU Y, et al. Teaching teachers first and then student: hierarchical distillation to improve long-tailed object recognition in aerial images[J]. IEEE Transactions on Geoscience and Remote Sensing (TGRS), 2022, 60: 1-12.

[46] ZHAO W D, YANG R K, LIU Y, et al. Style-content metric learning for multidomain remote sensing object recognition[C]// Association for the Advancement of Artificial Intelligence 2023 AAAI Conference on Artificial Intelligence. Menlo Park: AAAI Press,2023: 3624-3632.

第 2 章 卷积神经网络

2.1 引言

人工神经网络是一种机器学习模型,由于其强大的智能图像处理能力而受到图像处理算法研究者的青睐。用于机器学习的人工神经网络(Artificial Neural Network,ANN)是一种为模仿人类神经系统的结构和功能而实现的数据处理和计算模型[1]。人工神经网络在图像处理领域具有广泛的应用和突出的优势,它能够从图像中提取高层次的语义信息,实现图像的识别、分割、融合、增强等功能。人工神经网络由多个神经元组成的层级组成,每个神经元接收来自上一层的输入信号,经过加权求和激活函数的处理,输出到下一层。人工神经网络的训练目标通过优化算法来调整神经元之间的权重,使得网络的输出与期望的输出之间的损失函数最小化,进而实现对于数据分布的拟合,最终达到实现各种各样任务的目的。

本章将从生物意义上的神经网络模型出发,引入人工神经网络模型,以及 BP 神经网络和卷积神经网络。具体而言,本章阐述了人工神经网络从单层到多层、从线性到非线性、从全连接到卷积感知的发展历程。2.2 节阐述了单层的神经元结构到多层神经元构成感知机的流程,以多层感知机中的 BP 网络为范例,逐层推导了反向传播算法。2.3 节介绍了卷积神经网络的基本概念和基本结构,并在 2.3.3 节中介绍了图像融合与图像识别的典型模型。2.4 节对上述算法进行总结,给出了本章的核心思想及启示。

2.2 神经网络

2.2.1 神经元

1981 年的诺贝尔生理学或医学奖颁发给了 David Hubel、TorstenWiesel 和 Roger Sperry。该奖项一个重要的成果是"发现了视觉系统的信息处理",即可视皮层是分级的[2],如图 2.1 所示。

人类的逻辑思维经常使用高度抽象的概念。例如,从原始信号摄入开始(瞳孔像素 pixels),接着进行初步处理(大脑皮层某些细胞发现边缘和方向),然后抽象处理(如大脑判断出边缘组成的部分是圆形的),最后进一步抽象处理(大脑进一步判断该物体的类别)。这个生理学的发现,促成了计算机人工智能在 40 年后的突破性发展。总体来说,人的视觉系统的信息处理是分级的。从低级的 V1 区域提取边缘特征,再到 V2 区域的形状或目标特征是低层特征的组合,从低层到高层的特征表示越来越抽象,越来越能表现语义或意图。而抽象层面越高,存在的可能猜测就越少,就越利于识别。

人工神经网络是在现在神经科学的基础上提出和发展起来的,旨在反映人脑结构及其功能的一种抽象数学模型。自 1943 年美国心理学家 W. McCulloch 和数学家 W. A Pitts 提出形式神经元的抽象数学模型——MP[3]模型以来，人工神经网络理论技术经过了50年的曲折发展。特别是20世纪80年代，人工神经网络的研究取得了重大进展，有关的理论和方法已经发展成一门介于物理学、数学、计算机科学和神经生物学之间的交叉学科。它在模式识别、图像处理、智能控制、组合优化、金融预测与管理、通信、机器人及专家系统等领域得到广泛的应用，有40多种神经网络模型被提出，其中比较著名的有感知机[4]、Hopfield网络[5]、Boltzmann机器[6]及反向传播网络（BP）[7]等。

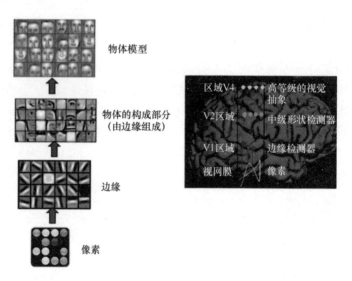

图2.1 分级的视觉系统

人工神经网络由神经元构成，一个神经元可以有一个或多个输入。神经元对这些输入进行加权求和，以及使用激活函数进行激活，所得结果作为该神经元的输出，如图2.2所示。假设某神经元有 n 个输入，将其表示为 $(x_1, x_2, \cdots, x_n)$，那么该神经元的输出计算过程为

$$y = f\left(\sum_{i=1}^{n} w_i x_i + b\right) \tag{2.1}$$

式中，w_i 为输入 x_i 对应的权重；b 为该神经元的偏置值；$f(\cdot)$ 为激活函数，用来增加神经元的非线性，使其更能具有模拟真实人脑神经元的信息表达能力。

如果将多个神经元组合在一起，则能够构成一个包含输入层、隐藏层及输出层的神经网络模型。若使用指定的训练样本对其进行训练，则可以实现对该数据分布下样本的模拟，完成特定的功能。图2.3所示为由图2.2中三个神经元模型构成的神经网络模型，该模型的最终输出是所有神经元共同作用的结果。

然而，上述神经网络模型的各个神经元都是通过全连接的方式进行组合的，如果实际应用中需要多个神经元参与模型的构建，那么会导致模型训练过程中需要学习的参数数量非常多。一般情况下，在图像领域中图像的像素量都很多，这会导致计算量爆炸。例如，如果输入是一幅分辨率为 10^3 像素×10^3 像素的图像，则每个神经元的权重系数的个数将达到 $10^3 \times 10^3$。此外，若使用全连接层来对图像中的特征进行提取，那么图像中的结构特征很可能会被忽略，进而对模型的性能产生影响。

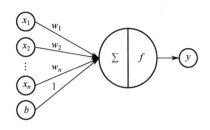
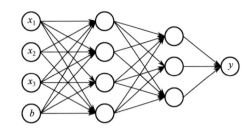

图 2.2 神经元结构模型图　　　　图 2.3 神经网络模型

2.2.2 感知机

由 ROSENBLATT F 等人[8]提出的单层感知机（Perceptron）是人工神经网络研究领域的开山之作，其基本结构由输入层和输出层构成，输入层接收输入数据，输出层给出预测结果。计算过程如式（2.1）所示，具体而言，给定一组输入数据，如一组变量的输入数据 $\boldsymbol{x}=[x_1,x_2,\cdots,x_n,b]^\mathrm{T}$，输入经过对应的一组神经元 $\boldsymbol{w}=[w_1,w_2,\cdots,w_n,1]^\mathrm{T}$ 处理并加入激活函数 $f(\cdot)$ 之后获得对应的输出。

$$y = f\left(\sum_{i=1}^{n} w_i x_i + b\right) = f(\boldsymbol{w}^\mathrm{T} \boldsymbol{x}) \tag{2.2}$$

式中，$\boldsymbol{w}$ 为神经元对应的权重；$\boldsymbol{x}$ 为输入；b 为在输入之外额外添加了一个偏置项，偏置项是一个预先设置的常数，用来给予神经网络一个基础的激活量级。单层感知机实现了决策边界的非线性化，可以将线性不可分的数据进行分类。单层感知机示意图如图 2.4 所示。

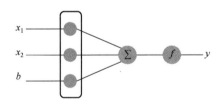

图 2.4 单层感知机示意图

单层感知机的不足是它只能解决线性可分问题，而无法处理线性不可分问题。这导致了它在实际应用中受限，因此后来的研究者们致力于发展更加复杂的神经网络结构，如全连接神经网络（Fully Connected Neural Network，FCNN），以解决这一问题[8]。

全连接神经网络是最简单的人工神经网络之一，也被称为多层感知机（MLP），神经元及全连接神经网络示意图如图 2.5 所示。全连接神经网络的基本结构神经元类似单层感知机，多个神经元组成一个全连接层，多个全连接层组成一个全连接神经网络。

全连接神经网络的核心思想是通过增加隐藏层的数量和神经元的数量来增加网络的深度和宽度，从而提高网络的表达能力和学习能力。全连接神经网络的优点是结构简单，易于实现，可以适用于多种类型的数据和任务。然而，全连接神经网络存在两个主要问题：参数数量巨大、计算复杂度高，导致训练时间长、容易过拟合。为了解决这些问题，卷积神经网络应运而生。卷积神经网络采用局部连接、权值共享和池化等技术，使得网络参数数量大幅度减少，计算复杂度降低，同时能更好地处理图像和视频等数据。

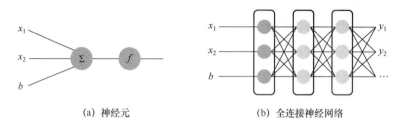

(a) 神经元　　　　　　　(b) 全连接神经网络

图 2.5　神经元及全连接神经网络示意图

2.2.3　BP 网络与反向传播算法

2.2.3.1　BP 网络

BP（Back Propagation）网络是以 Rinehart 和 McClelland[7]为首的科学家小组于 1986 年提出的，是一种按照反向传播算法训练的多层网络，是目前应用最广泛的人工神经网络之一。BP 网络能学习和储存大量的输入-输出模式映射关系，而不需要提前揭示映射关系的数学方程。它的学习规则是使用梯度下降法，通过反向传播来不断调整网络的权重和阈值，使网络的误差平方最小。BP 网络模型拓扑结构包括输入层（Input layer）、隐藏层（Hide layer）和输出层（Output layer），如图 2.6 所示。其中，第一层区域相当于外界的刺激，是刺激的来源并且将刺激传递给神经元，因此命名为输入层。第二层区域表示神经元相互之间传递刺激，相当于人脑里面，因此命名为隐藏层。第三层区域表示神经元经过多层次相互传递后对外界的反应，因此命名为输出层。

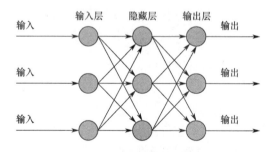

图 2.6　BP 网络模型拓扑结构

简单的描述就是，输入层将刺激传递给隐藏层，隐藏层通过神经元之间联系的强度（权重）和传递规则（激活函数）将刺激传递给输出层，输出层整理隐藏层处理后的刺激产生最终结果。若有正确的结果，则将正确的结果和产生的结果进行比较，得到误差，再逆推对神经网络中的连接权重进行反馈修正，从而完成学习的过程，即运用向后反馈的学习机制，来修正神经网络中的权重，最终达到输出正确结果的目的。

2.2.3.2　反向传播算法

反向传播算法由数据流的前向计算（正向传播）和反向传播两个过程构成。正向传播时，传播方向为输入层-隐藏层-输出层，每层的神经元状态只能影响下一层神经元。正向传播的输出层得到最终的输出后，转向误差的反向传播计算。通过这两个过程的交替进行，在权重空间执行梯度下降策略，动态迭代搜索一组权重，使网络误差达到最小值，从而完成网络的训练过程。本节以图2.6所示的BP网络反向传播为例，介绍反向传播算法是如何进行参数优化的。

设输入层第 i 个神经元的输出为 o_i，则对于隐藏层第 j 个神经元来说，可将其输入表示为

$$\text{net}_j = \sum_j w_{ji} o_i \tag{2.3}$$

隐藏层第 j 个神经元的输出为

$$o_j = g(\text{net}_j) \tag{2.4}$$

对于输出层中的第 k 个神经元来说，其输入表示为

$$\text{net}_k = \sum_j w_{kj} o_j \tag{2.5}$$

相应的输出为

$$o_k = g(\text{net}_k) \tag{2.6}$$

式中，$g = 1/[1+\exp(-x+\theta)]$ 表示Sigmoid函数，且 θ 为阈值或偏置值。

BP网络的学习过程中误差反向传播是通过使一个目标函数（实际输出与希望输出之间的误差平方和）最小化来完成的，可以利用梯度下降法导出公式。接下来考虑BP网络的学习过程，用 t_{pk} 表示第 k 个输出神经元的输出，用 o_{pk} 表示实际的网络输出，那么可以得到的系统平均误差为

$$E = \frac{1}{2p} \sum_p \sum_k (t_{pk} - o_{pk})^2 \tag{2.7}$$

实际中为了便于计算略去下标 p，因此上式可简化为

$$E = \frac{1}{2p} \sum_k (t_k - o_k)^2 \tag{2.8}$$

根据梯度下降法，权重的变化项 Δw_{kj} 与 $\partial E / \partial w_{kj}$ 之间满足正比关系，这里将其表示为

$$\Delta w_{kj} = -\eta \frac{\partial E}{\partial w_{kj}} \tag{2.9}$$

由式（2.7）和式（2.9）可知：

$$\begin{aligned}\Delta w_{kj} &= -\eta \frac{\partial E}{\partial w_{kj}} = -\eta\left(-\frac{\partial E}{\partial \text{net}_{kj}}\right)\frac{\partial \text{net}_k}{\partial w_{kj}} = \eta\left(-\frac{\partial E}{\partial o_k}\right)\frac{\partial o_k}{\partial \text{net}_k} \times \frac{\partial \text{net}_k}{\partial w_{kj}} \\ &= -\eta \frac{\partial E}{\partial o_k} o_k(1-o_k)o_j = \eta(t_k - o_k)o_k(1-o_k)o_j\end{aligned} \tag{2.10}$$

对于隐藏层神经元，上式表示为

$$\begin{aligned}\Delta w_{ji} &= -\eta \frac{\partial E}{\partial w_{ji}} = \eta\left(-\frac{\partial E}{\partial o_j}\right)\frac{\partial o_j}{\partial \text{net}_j} \times \frac{\partial \text{net}_j}{\partial w_{ji}} = -\eta \frac{\partial E}{\partial o_j} o_j(1-o_j)o_i \\ &= -\eta(t_j - o_j)o_j(1-o_j)o_i\end{aligned} \tag{2.11}$$

这里，我们记

$$\delta_k = -\frac{\partial E}{\partial \text{net}_k} = -\frac{\partial E}{\partial o_k} o_k (1 - o_k) \quad (2.12)$$

$$\delta_j = -\frac{\partial E}{\partial \text{net}_j} = -\frac{\partial E}{\partial o_j} o_j (1 - o_j) \quad (2.13)$$

然而，不能直接对 $\frac{\partial E}{\partial o_j}$ 的值进行相关计算，只能将它用参数的形式表示。具体表示为

$$-\frac{\partial E}{\partial o_j} = -\sum_k \frac{\partial E}{\partial \text{net}_k} \times \frac{\partial \text{net}_k}{\partial o_j} = \sum_k \left(-\frac{\partial \left(\sum_j w_{kj} o_j \right)}{\partial o_j} \right)$$

$$= \sum_k \left(-\frac{\partial E}{\partial \text{net}_k} \right) w_{kj} = \sum_k \delta_k w_{kj} \quad (2.14)$$

因此，可以将各个权重系数调整量表示如下：

$$\Delta w_{ki} = -\eta (t_k - o_k) o_k (1 - o_k) o_j \quad (2.15)$$

$$\Delta w_{ji} = \eta \, \delta_j o_j \quad (2.16)$$

式中，$\delta_j = o_j (1 - o_j) \sum_k \delta_k w_{kj}$，$\delta_k = (t_k - o_k) o_k (1 - o_k)$；$\eta$ 为学习率（或称为学习步长）。

在 BP 网络反向传播学习过程中，通过这种前向计算输出、反向传播误差的躲避迭代过程，可以使网络实际输出与训练样本所期望的输出之间的误差随着迭代次数的增加而减小，最终使该过程收敛到一组稳定的权重值。

在实际应用过程中，参数 η 的选取是影响算法收敛性质的一个重要因素。通常情况下，如果学习率 η 取值太大，权重的变化也会过大，算法的收敛速度会在一开始比较快，但可能会导致算法出现振荡，从而出现不能收敛或收敛很慢的情况。为了在增大学习率的同时不至于出现振荡，可以对权重更新法则进行优化，也就是在其右侧加入动量项，可表示为

$$\Delta w_{ji}(n+1) = \eta \delta_j o_j + \alpha \Delta w_{ji}(n) \quad (2.17)$$

式中，$n+1$ 代表第 $n+1$ 次迭代，n 是一个比例常数。该式说明在第 $n+1$ 次迭代中 w_{ji} 的变化有部分类似于第 n 次迭代中的变化，也就是对其设置了一些惯性。动量项的设置可以抑制振荡的发生，但使学习率相应地降低。

2.3 卷积神经网络的基本概念和基本结构

2.3.1 卷积神经网络的基本概念

卷积神经网络（Convolutional Neural Network，CNN）是一种模拟生物视觉系统的人工神经网络。与传统的全连接神经网络相比，CNN 在处理具有网格结构的数据时表现出色，特别擅长处理图像数据。在深度学习领域的发展中，CNN 在图像分类、目标检测、图像融合等任务上取得了显著的成就。CNN 的基本概念源于对生物学中视觉系统工作原理的启

发，其基于卷积运算的结构能够有效地捕捉输入数据的局部特征，通过多层次的卷积和池化操作逐步提取并学习数据的抽象表示。其优势在于有效地利用局部连接、参数共享等特性，使得网络能够学到数据的层次化特征表示。随着深度学习的不断发展，CNN 的不断优化和演变将继续推动计算机视觉和其他领域的发展。

卷积神经网络的基本组成部分是卷积层和池化层。卷积层的作用是通过一组可学习的滤波器（或卷积核）对输入数据进行卷积操作，从而提取数据的局部特征。池化层的作用是对卷积层的输出进行下采样，从而减少参数的数量，增加网络的鲁棒性，以及获得更高层次的特征。卷积层和池化层通常交替出现，形成一个卷积神经网络的基本单元。除了卷积层和池化层，卷积神经网络中还可能包含其他类型的层，如激活层、全连接层、批量归一化层、残差连接层等。这些层的作用是为了增加网络的非线性能力，提高网络的表达能力，以及解决一些常见的优化问题，如梯度消失、过拟合等。卷积神经网络的结构可以根据不同的任务和数据进行灵活的设计和调整，以达到最佳的性能。下面将对卷积神经网络的基本结构进行简要介绍。

2.3.2 卷积神经网络的基本结构

2.3.2.1 卷积层

卷积运算是图像处理领域一种常见的特征提取方法，主要通过人工设计的卷积函数来实现，这些卷积函数也被称为卷积核（Convolution Kernel）或卷积算子（Convolution Operator）。例如，用来模拟偏导的差分运算算子——罗伯特算子、索贝尔算子和用来平滑图像降低噪声的高斯算子。卷积运算的过程：卷积核以设置好的步长在输入图像上滑动，每次滑动后卷积核中的权重系数和输入图像上对应窗口区域的像素值先相乘再求和，所得的值即作为当前滑动窗口卷积运算结果，直至卷积核在输入图像上滑动结束，图 2.7 展示了输入数据大小为 3×3，卷积核大小为 2×2，卷积核滑动步长为 1，填充为 0 时的卷积运算过程。

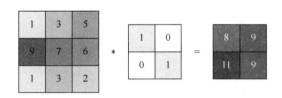

图 2.7　卷积运算过程

卷积运算的这种运算方式，使得每个卷积层的神经元之间可以采用稀疏连接的方式，具体来说，当输入为一个具有多维通道数的特征图时，每维通道特征图上的所有神经元共享一个卷积核。在网络的正向传播过程中，卷积核在特征图上滑动进行卷积操作，然后得到该通道对应的卷积输出。卷积核的权值共享使神经网络模型的训练参数减少很多，使得网络模型的复杂度降低。此外，相比全连接提取特征的方式，卷积核这种窗口滑动提取特征的方式可以保留特征的空间位置信息，对特征信息提取更为全面，能使神经网络模型的性能更佳。

卷积层是卷积神经网络中的基本层之一，用于处理输入数据的特征提取。该层通过卷积操作提取图像特征。在计算过程中，卷积核 w 在输入数据 x 上按照一定的步长 S 进行滑动,每次计算出重叠部分的点积和,将其存储在输出特征图的相应位置。

卷积的计算公式为

$$y[i,j] = \sum_{c}\sum_{u,v} x[i+u, j+v] \cdot w_c[u,v] \tag{2.18}$$

式中,x 表示输入矩阵;w_c 表示 c 通道对应的卷积核参数;$\sum_{u,v}$ 表示对卷积核的相应未知遍历,求卷积核参数与输入矩阵对应位置元素的乘积并相加;$\sum_{c}$ 表示对多通道卷积核获得的多通道输出结果图求和得到最终的卷积输出结果图。

卷积层的这种特征的计算方式,使得不同的卷积层之间的神经元不是全部连接的,即让卷积层的参数(卷积核)在不同的空间位置共用。这种方式相较于全连接层显著减少了参数的数量,使模型的参数利用效率更高。并且卷积运算拥有平移不变性的特点让卷积神经网络对于图像中特定信息空间位置的改变有一定的鲁棒性,有利于图像处理任务的实现。

2.3.2.2 池化层

池化层常会在连续卷积层的间隔中出现,用于减小卷积层输出特征的尺寸,作用是既可以在网络模型下一层的计算中减少参数量及降低模型复杂度,又可以对特征图进行聚合,从而将一些不必要的信息去除。池化层的核心思想是利用图像的局部区域的相似性,仅使用一个特征值对这个局部区域的所有值进行代替。池化层不包含可训练参数,因此其计算速度很快。池化层的主要作用是提取特征并减小特征图大小,通过减小特征图的大小,可以降低卷积神经网络的计算成本,防止过拟合,并且可以将特征图中的位置信息模糊化,提高模型的平移不变性。池化层通常在卷积层之后使用,可以根据需求进行多次堆叠。

常见的池化操作有平均池化操作和最大池化操作。平均池化操作是对滑动窗口所覆盖的特征区域取平均值,最大池化操作是对滑动窗口所覆盖的特征区域取最大值。因此,最大池化操作在一定程度上能够保留更多的边缘信息和纹理特征,而平均池化操作则更加适用于一些图像平滑的应用场景。以最大池化操作为例,图 2.8 所示为该操作的计算过程,当池化窗口的大小是 2×2 时,该区域的输出为 2×2 滑动窗口中对应特征区域的像素最大值。

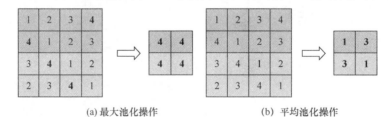

(a) 最大池化操作   (b) 平均池化操作

图 2.8 平均池化操作和最大池化操作示意图

在视觉任务中,池化层可以有效地减小特征图的大小,提取图像的抽象特征,同时有助于增强模型对平移和旋转变化的鲁棒性。但是,在一些需要保留空间信息的任务中,如目标检测和语义分割等,使用过多的池化层可能会导致信息丢失,因此对池化层的应用应该权衡其利弊。

2.3.2.3 激活层

在设计卷积神经网络模型时,人们希望这些模型可以拥有非线性的特征提取能力,而卷积层是一个线性的函数，如果仅通过卷积层的堆叠来构建模型，那么最终得到的还是一个线性模型。因此在大多数卷积神经网络模型中，每一层卷积层的输出往往会送入一个非线性函数来使模型拥有非线性的特征表达能力。在对于卷积神经网络的研究中，这个非线性函数一般被称为激活函数。

激活层是由激活函数构成的，常用的激活函数有 Sigmoid 激活函数、Tanh 激活函数和 ReLu 激活函数等，其函数表达式分别如式（2.19）、式（2.20）和式（2.21）所示。

$$f(x) = \frac{1}{1+e^{-x}} \tag{2.19}$$

$$f(x) = \frac{e^x - e^{-x}}{e^x + e^{-x}} \tag{2.20}$$

$$f(x) = \max(0, x) = \begin{cases} 0, x < 0 \\ x, x \geq 0 \end{cases} \tag{2.21}$$

式中，x 为激活函数的输入值。可以注意到 Sigmoid 激活函数和 Tanh 激活函数都用到了自然常数的指数方程：Sigmoid 激活函数会将输出映射在 0 到 1 之间，可以被解释为概率值。同时此函数的导数相对容易计算，可以用于反向传播算法更新参数，但是在梯度消失问题上表现不佳，会导致训练过程变慢，并且输出不是以 0 为中心的，会导致训练过程中的权重更新不平衡；Tanh 激活函数输出在-1 到 1 之间，具有以 0 为中心的特点，有助于神经网络的稳定性，在梯度更新时比 Sigmoid 激活函数表现更好，但是 Tanh 激活函数也存在梯度消失问题，会导致训练过程变慢。ReLu 激活函数计算速度快，有利于使用 GPU 进行并行计算，在梯度更新时不会出现饱和现象，可以加速训练过程，输出以 0 为中心，有助于神经网络的稳定性，因此 ReLu 激活函数是最常使用的卷积神经网络的激活函数。

Sigmoid 激活函数可以用于二分类，但是当神经网络层数有很多时，使用该激活函数易产生梯度消失或梯度爆炸。Tanh 激活函数会使网络的收敛速度更快，然而也存在梯度消失或梯度爆炸的隐患。ReLu 激活函数计算非常简单而且可以加快网络的收敛，近年来在深度学习中被广泛使用。图 2.9 所示为激活函数图像。

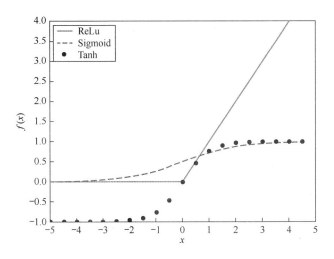

图 2.9　激活函数图像

2.3.3 卷积神经网络之图像融合识别典型模型

2.3.3.1 图像融合典型模型

图像融合旨在将两幅或多幅图像合并，期望获得一幅具有重要信息和更好视觉效果的融合图像。随着卷积神经网络的兴起，图像融合算法也逐渐由传统的基于手工提取特征的算法发展到如今基于深度学习的算法。下面简要介绍图像融合任务的四个典型模型：MLCNN 模型[9]、DenseFuse 模型[10]、FusionGAN 模型[11]和 U2Fusion 模型[12]。

（1）MLCNN 模型。

MLCNN 模型于 2018 年由 ZHAO W 等人提出，他们首次提出了一种基于 CNN 的端到端自然增强的多聚焦图像融合方法，设计了一种基于多层次特征提取的联合卷积神经网络，其利用浅层网络提取低频内容，利用深层网络提取高频细节，有效地融合和增强了高频细节。在卷积提取特征时，低级特征提取可以捕获低频内容，但是以丢失高频细节为代价的；高级特征提取则专注于高频细节，但当涉及低频内容时会受到限制。MLCNN 模型使用多层次特征提取来适当地合并不同级别的输出，以便可以提取和融合视觉上最鲜明的特征。

MLCNN 模型的体系结构如图 2.10 所示，可以将其进一步分为三个模块：特征提取模块、特征融合模块，以及增强、重建模块。

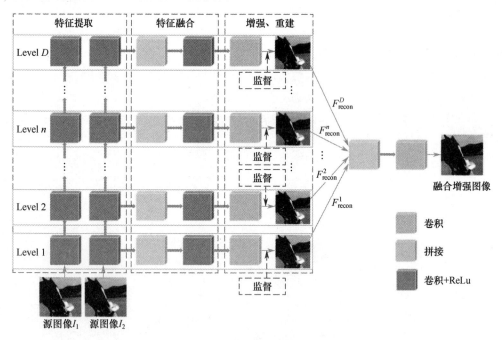

图 2.10　MLCNN 模型的体系结构

在特征提取模块中，MLCNN 模型将提取的特征分为了 D 个层次级别，不同级别由低到高包含了不同频率的特征细节。具体而言，MLCNN 模型共使用 8 个层次级别的特征提取（图中 D 取 8），并对所有权重层使用 64 个大小为 3×3 的卷积核。此外，还采用了零填充法来保持输出特征图的空间大小匹配。训练采用小批梯度下降法优化回归目标，批大小为 128。卷积层中的所有卷积核都采用 Xavier 方法进行初始化。

在特征融合模块中对特征的每个级别执行特征融合操作，以融合相应级别的特征。特征融合的公式为

$$F_{\text{fusion}}^d = \max[0, W_{\text{fusion}}^d \times \text{cat}(F_1^d, F_2^d) + b_{\text{fusion}}^d] \tag{2.22}$$

式中，F_{fusion}^d 表示第 d 级（$d=1,2,\cdots,D$）特征的融合特征图；W_{fusion}^d 和 b_{fusion}^d 分别表示第 d 级特征的卷积滤波器和偏置；$\text{cat}(F_1^d, F_2^d)$ 表示输入图像对的第 d 级特征被连接成一个双通道特征映射。

在增强、重建模块中，将所有重建和增强的图像连接成一个多通道特征图，然后将该多通道特征图输入一个卷积层，得到最终的输出为

$$\hat{Y} = W_{\text{final}} \times \text{cat}(F_{\text{recon}}^1, F_{\text{recon}}^2, \cdots, F_{\text{recon}}^D) + b_{\text{final}} \tag{2.23}$$

式中，W_{final} 和 b_{final} 分别表示最终输出的卷积滤波器和偏置；D 表示特征层次级别的数量。

MLCNN 模型通过多级深度监督重建，有 $D+1$ 个目标需要进行优化：监督重建过程中包括增强的 D 个输出，以及 1 个最终的输出，重建输出采用 L2 范数进行优化。

$$L_{\text{recon}}(W', b') = \min \frac{1}{2DN} \sum_{d=1}^{D} \sum_{n=1}^{N} \| Y_n - F_{\text{recon}}^d(X_n, X_n'; W', b') \|_2^2 \tag{2.24}$$

式中，X_n 和 X_n' 为输入图像对；Y_n 为真值；F_{recon}^d 为从融合特征中重建和增强的图像。

对于最终的输出，有以下公式：

$$L_{\text{final}}(W, b) = \min \frac{1}{2N} \sum_{n=1}^{N} \| Y_n - Y'(F_{\text{recon}}^1, F_{\text{recon}}^2, \cdots, F_{\text{recon}}^D; W, b) \|_2^2 \tag{2.25}$$

式中，W 和 b 分别表示对应的卷积滤波器和偏置。

模型的总损失为

$$L(W, b) = L_{\text{final}}(W, b) + \alpha_t L_{\text{recon}}(W', b') \tag{2.26}$$

式中，α_t 为正则化系数，控制了这两项之间的权衡，随时间衰减 D 个输出的重建损失权重项，使最终重建结果的权重更大。

（2）DenseFuse 模型。

DenseFuse 模型于 2019 年由 LI H 等人提出。在介绍 DenseFuse 模型之前，将简要介绍 DeepFuse 模型[13]，因为 DenseFuse 模型可以看成是基于 DeepFuse 模型的改进。

DeepFuse 模型图像融合网络架构如图 2.11 所示。该模型有三个组成部分：特征提取层、融合层和重建层。在特征提取层中，将欠曝光和过曝光的图像（Y_1 和 Y_2）输入单独的通道（通道 1 由 C11 和 C21 组成，通道 2 由 C12 和 C22 组成）。第一层（C11 和 C12）包含 5×5 的卷积核，以提取低级特征，如边缘和角。第二层（C21 和 C22）包含 7×7 的卷积核。C11 和 C12（C21 和 C22）共享相同的权值。在融合层中，来自两幅图像的相似特征类型被融合在一起。随后将融合后的特征输入重建层 C3、C4 和 C5 中，分别经过卷积核为 7×7、5×5、5×5 的卷积层后生成融合的图像。

LI H 等人认为 DeepFuse 模型中的网络结构过于简单，且没有用到所有层的信息，只用到了最后一层的输出，丢失了一部分信息，进一步提出了 DenseFuse 模型。具体而言，

相较于 DeepFuse 模型，DenseFuse 模型是将 DeepFuse 模型的卷积核替换成 3×3 的卷积核，并将前面部分的卷积网络替换成 Dense Block 进行改进。

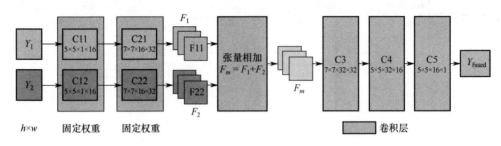

图 2.11　DeepFuse 模型图像融合网络架构

DenseFuse 模型整体架构如图 2.12 所示，同样采用编码器-解码器结构，同时引入了 Dense Block 用于特征提取。

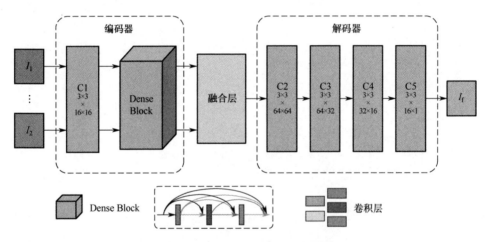

图 2.12　DenseFuse 模型整体架构

编码器用 C1 和 Dense Block 来提取深度特征。C1 包含 3×3 的卷积核来提取粗糙特征，Dense Block（密集块）包含三个卷积层（每层的输出级联作为下一层的输入），其中包含 3×3 的卷积核。对于编码器中的每个卷积层，特征图的输入信道为 16 个。解码器部分包含 4 个卷积层（均采用 3×3 卷积核）。其中融合层的输出作为解码器的输入。

训练阶段的目的是训练具有更好特征提取和重构能力的自动编码器网络（编码器，解码器）。损失采用 SSIM 损失：

$$L_{\text{SSIM}} = 1 - \text{SSIM}(O, I) \tag{2.27}$$

式中，SSIM() 表示结构相似度，代表两幅图像的结构相似度；O 和 I 分别代表输出图像和输入图像。

在训练阶段，只考虑编码器和解码器（融合层被丢弃），尝试训练编码器和解码器以重建输入图像。固定编码器和解码器权重后，采用自适应融合策略融合编码器获得的深层特征。

(3) FusionGAN 模型。

FusionGAN 模型于 2019 年由 MA J 等人提出，面向任务是红外图像和可见光图像的融合。由于红外图像和可见光图像融合没有真值，用生成对抗网络（Generative Adversarial Networks，GAN）则可以避免监督学习需要真值约束带来的问题。MA J 等人将融合视为保留红外图像热辐射信息和保留可见光图像纹理信息之间的博弈，生成器主要生成兼具红外图像亮度和可见光图像梯度的融合图像，判别器用于将更多可见光图像细节融入融合图像中。

如图 2.13 所示，首先将红外图像和可见光图像进行拼接，再送入生成器，输出得到融合图像，这一步主要目的是让融合图像兼具红外的温度信息和可见光图像的梯度信息。判别器以融合图像与可见光图像作为输入，这一步的目的是区分融合图像与可见光图像。

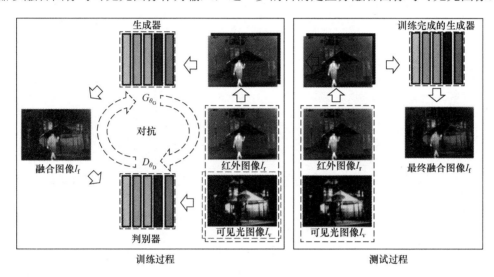

图 2.13 FusionGAN 原理图

在生成器与判别器对抗过程中，融合图像中保留的可见光图像梯度信息逐渐增多。训练过程中生成器与判别器都进行参数更新，测试过程只给生成器送入数据，得到的融合图像就是最终的结果。

如图 2.14 所示，生成器总共包含 5 个卷积层，第一、二层使用 5×5 的卷积核，第三、四层使用 3×3 的卷积核，第五层使用 1×1 的卷积核，每层卷积步长都为 1，不使用填充，输入是拼接后的红外图像和可见光图像。

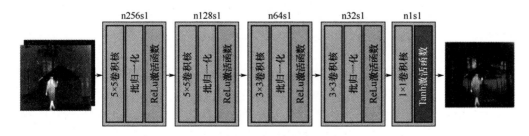

图 2.14 FusionGAN 生成器结构

如图 2.15 所示，判别器同样是 5 个卷积层，前四层都是 3×3 的卷积核，步长设置为 2。为了避免引入噪声，只在输入的第一层给图像加了填充。第二层～第四层加入了批归一化。前四层的激活函数为 ReLu，最后一层为线性层用于分类。

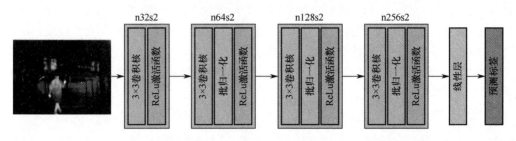

图 2.15 FusionGAN 判别器结构

网络损失包括生成器损失函数和判别器损失函数。其中，生成器损失函数包含两项，一项是生成器和判别器之间的对抗损失，另一项用于约束融合图像获得兼具红外图像温度信息和可见光图像梯度信息。

$$L_G = V_{\text{FusionGAN}}(G) + \lambda L_{\text{content}} \qquad (2.28)$$

式中，λ 为权重系数。$V_{\text{FusionGAN}}$ 和 L_{content} 分别表示为

$$V_{\text{FusionGAN}}(G) = \frac{1}{N}\sum_{n=1}^{N}[D_{\theta_D}(I_f^n) - c]^2 \qquad (2.29)$$

$$L_{\text{content}} = \frac{1}{HW}(\|I_f - I_r\|_F^2 + \xi\|\nabla I_f - \nabla I_v\|_F^2) \qquad (2.30)$$

式中，I_f^n 为融合图像；N 为融合图像的数量；c 为生成器希望判别器相信的值；H 和 W 分别为输入图像的高度和宽度；$\|\ \|$ 为矩阵弗罗比尼乌斯范数；∇ 为梯度算子。

判别器损失是可见光图像的判别损失和融合图像的判别损失之和：

$$L_D = \frac{1}{N}\sum_{n=1}^{N}[D_{\theta_D}(I_v) - b]^2 + \frac{1}{N}\sum_{n=1}^{N}[D_{\theta_D}(I_f) - a]^2 \qquad (2.31)$$

式中，a 和 b 分别表示融合图像 I_f 和可见光图像 I_v 的标签。

（4）U2Fusion 模型。

U2Fusion 模型于 2020 年由 XU H 等人提出，正如 DenseFuse 模型是在 DeepFuse 模型上做出的改进，U2Fusion 模型则在 DenseFuse 模型的基础之上更进一步，提出采用保护度的方式用于保护源图像的自适应相似性。XU H 等人考虑到融合任务中源图像包含信息不一致的问题，提出了通过提取浅层特征（纹理、局部形状等）和深层特征（内容、空间结构等）来估计信息度量。

U2Fusion 模型的结构如图 2.16 所示。其中 DenseNet 网络（模型结构详见 2.3.3.2 节）用于融合图像，特征提取模块用于提取上述的浅层特征和深层特征。然后对这些特征进行信息度量，产生两个度量值，最后经过信息保护度处理得到信息保护度的值，这两个值用于损失函数中，从而避免了融合任务中无真值的问题。

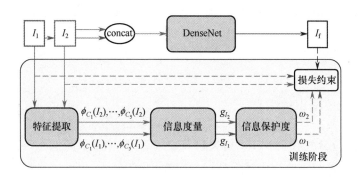

图 2.16 U2Fusion 模型的结构

训练阶段通过计算信息保护度的值用于定义损失函数，而 DenseNet 网络则用于优化该损失函数。在训练阶段只需要 DenseNet 网络用于获得最终的融合结果。

特征提取模块使用预训练的 VGG-16 网络作为特征提取器，其结构如图 2.17 所示。输入被统一为单通道，然后复制为三通道并送入网络。网络中每个池化层的前一卷积层输出的特征图作为后续信息度量的输入。前几层获取浅层特征，学习纹理和形状细节，后几层更多地学习深层特征，如空间结构和上下文信息。具体而言，通过五层卷积层依次获得大小为 $(B, 224, 224, 64)$、$(B, 112, 112, 128)$、$(B, 56, 56, 256)$、$(B, 28, 28, 512)$、$(B, 14, 14, 512)$ 的特征图，其中 B 代表批大小。随着卷积层的深入，特征图大小逐渐减小，通道数逐渐增加。

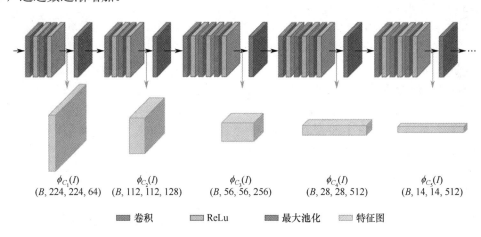

图 2.17 U2Fusion 特征提取器结构

信息度量模块定义为提取得到的特征的梯度：

$$g_I = \frac{1}{5}\sum_{j=1}^{5}\frac{1}{H_j W_j D_j}\sum_{k=1}^{D_j} \|\Delta\phi_{C_j^k}(I)\|_F^2 \tag{2.32}$$

式中，$\phi_{C_j^k}$ 为第 j 个最大池化层前的卷积层绘制的特征图；k 为 D_j 通道的第 k 个通道中的特征图；$\|\ \|$ 为矩阵弗罗比尼乌斯范数；Δ 为拉普拉斯算子。

信息保护度模块根据信息度量为两幅源图像分配两个自适应权重，定义两幅源图像间信息度量值通过 softmax 函数映射到 0 到 1 之间的两个权重值：

$$[\omega_1, \omega_2] = \mathrm{softmax}\left(\left[\frac{g_{I_1}}{c}, \frac{g_{I_2}}{c}\right]\right) \qquad (2.33)$$

式中，g_{I_1} 和 g_{I_2} 分别代表通过式（2.34）计算得到的信息度量值。

训练阶段损失使用 SIM 损失：

$$L_{\mathrm{SIM}}(\theta, D) = L_{\mathrm{SSIM}}(\theta, D) + \alpha L_{\mathrm{MSE}}(\theta, D) \qquad (2.34)$$

式中，L_{SSIM} 和 L_{MSE} 分别代表 SSIM 损失和 MSE 损失，由融合图像与两幅源图像计算加权得到，两幅源图像的权重则由上述信息保护度模块给出。

2.3.3.2 图像识别典型模型

目标识别任务的目的是确定目标图像的类别。随着卷积神经网络的兴起，目标检测算法由传统的手工提取特征的方法发展到基于深度学习的目标识别算法。下面简要介绍目标识别任务的四个经典网络模型：AlexNet 网络[14]、VGGNet 网络[15]、ResNet 网络[16]和 DenseNet[17]网络。

（1）AlexNet 网络。

AlexNet 是在 2012 年由 KRIZHEVSKY A 等人提出的[14]，通过将卷积神经网络应用于计算机视觉任务，性能明显优于传统的机器学习算法，使得卷积神经网络在计算机神经领域掀起了一波热潮。AlexNet 的结构包含一个 224×224×3 的输入层，5 个卷积层，3 个最大池化层和 3 个全连接层[14]。其中卷积层和全连接层的参数是可学习的。

具体而言，卷积层 C1 为 96 个 11×11×3 的卷积核、接入 ReLu 激活函数和池化核为 3×3、步长为 2 的池化层。卷积层 C2 为 256 个 5×5×96 的卷积核、接入 ReLu 激活函数和池化核为 3×3、步长为 2 的池化层。卷积层 C3 为 384 个 3×3×256 的卷积核、接入 ReLu 激活函数。卷积层 C4 为 384 个 3×3×384 的卷积核、接入 ReLu 激活函数。卷积层 C5 为 256 个 3×3×384 的卷积核、接入 ReLu 激活函数和池化核为 3×3、步长为 2 的池化层。FC1 全连接层是通过卷积实现的，具体是 4096 个 6×6×256 的卷积核。FC2 为 4096 维的全连接层。FC3 为 1000 维的全连接层。AlexNet 结构图如图 2.18 所示[14]。

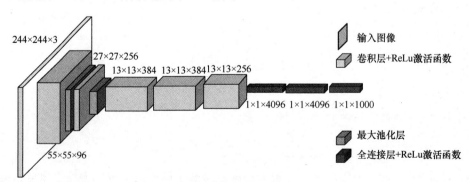

图 2.18 AlexNet 结构图

同时，AlexNet 利用了非线性激活函数（ReLu 激活函数）[14]，也称为修正线性单元，作为神经元输出的激活函数。ReLu 激活函数的作用是为网络引入非线性拟合的能力,如果没有 ReLu 激活函数的作用,当前卷积层的输入是上一卷积层的输出或线性变化,则网络始终呈线性,这种情况下网络的拟合能力将十分有限。

ReLu 激活函数公式为 $f(x)=\max(0,x)$。实验表明,这种非饱和 ReLu 激活函数能够训练的收敛速度明显高于饱和 ReLu 激活函数能够训练的收敛速度,如 $f(x)=(1+\mathrm{e}^{-x})^{-1}$ 和 $f(x)=\tanh(x)$。ReLu 激活函数相较于其他激活函数而言实现起来更加简单。

(2) VGGNet 网络。

VGGNet 是由牛津大学于 2014 年提出的卷积神经网络[15]。其结构与 AlexNet 的结构非常相似,但是 VGGNet 深度要比 AlexNet 深度深。其中使用最多的是 VGGNet16 网络结构,其结构如图 2.19 所示。其主要的创新点是首先证明了适当增加网络深度能够提高网络的性能;其次是通过堆叠小尺寸的卷积核来代替大尺寸的卷积核,在保持相同感受野的情况下,网络深度加深,网络的非线性增加,提升了网络性能。具体而言,VGGNet16 的网络结构为 2 个 3×3 通道数为 64 的卷积层 Conv1 和 Conv2,最大池化层 MaxPooling1,2 个 3×3 通道数为 128 的卷积层 Conv3 和 Conv4,最大池化层 MaxPooling2,3 个 3×3 通道数为 256 的卷积层 Conv5、Conv6 和 Conv7,最大池化层 MaxPooling3,3 个 3×3 通道数为 512 的卷积层 Conv8、Conv9 和 Conv10,最大池化层 MaxPooling4,3 个 3×3 通道数为 512 的卷积层 Conv11、Conv12 和 Conv13,最大池化层 MaxPooling5,2 个维度为 4096 的全连接层和 1 个维度为 1000 的全连接层。

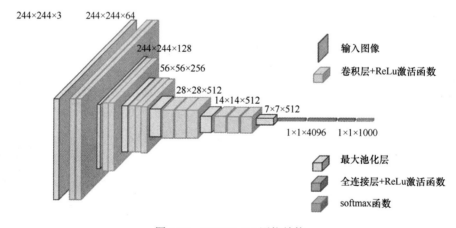

图 2.19　VGGNet16 网络结构

(3) ResNet 网络。

通过 VGGNet 网络,我们知道了通过加深网络深度能够提高网络的性能,但是这种提高并不是无限制的。当网络过深时容易造成梯度消失或梯度爆炸的现象,导致网络性能急剧下降。为了缓解这种现象,HE K 等人于 2015 年提出残差神经网络 ResNet[16]。其中最重要的创新是提出了残差连接单元,在很大程度上缓解了梯度消失或梯度爆炸现象。残差连接单元如图 2.20 所示。其中 $g(x)$ 是上一层输出特征,假设学习到的特征为 $h(x)=f(g(x))+g(x)$,其中 $f(g(x))$ 表示输出特征和原始数据的残差。

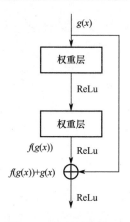

图 2.20 残差连接单元

如果不加入残差结构，那么将输出关于 x 求导后得到的式（2.35）。因为梯度往往服从正态分布，随着网络深度的增加，梯度将会渐渐趋近于零，导致出现梯度消失的现象。

$$\frac{\partial f(g(x))}{\partial x} = \frac{\partial f(g(x))}{\partial g(x)} \times \frac{\partial g(x)}{\partial x} \tag{2.35}$$

如果加入残差结构，那么求导公式如式（2.36）所示。因为等式第二项的存在，当多层网络叠加时，将缓解出现梯度消失的现象。

$$\frac{\partial f(g(x))}{\partial x} = \frac{\partial f(g(x))}{\partial g(x)} \times \frac{\partial g(x)}{\partial x} + \frac{\partial g(x)}{\partial x} \tag{2.36}$$

以 ResNet18 网络结构为例，如图 2.21 所示。具体而言 Conv1 卷积块包含一个带有 64 个 7×7 卷积核的卷积层；Conv2 卷积块包含两个残差连接块，每个残差连接块包含 2 个带有 64 个 3×3 卷积核的卷积层，通道数为 64；Conv3 卷积块包含两个残差连接块，每个残差连接块包含 2 个带有 128 个 3×3 卷积核的卷积层，通道数为 128；Conv4 卷积块包含两个残差连接块，每个残差连接块包含 2 个带有 256 个 3×3 卷积核的卷积层，通道数为 256；Conv5 卷积块包含两个残差连接块，每个残差连接块包含 2 个带有 512 个 3×3 卷积核的卷积层，通道数为 512；最后接入一个全连接层，维度为 1000。

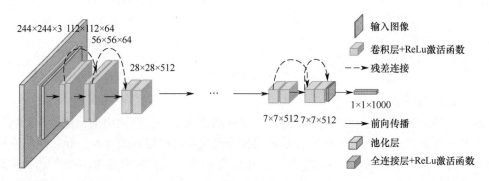

图 2.21 ResNet18 网络结构

（4）DenseNet 网络。

通过 ResNet 网络的启发，我们了解了通过短路连接的方式，可以在一定程度上避免网络因为深度加大而产生的退化现象。为了最大化这种前后层信息的流通，HUANG G 等人在 2016 年设计了一种密集连接的卷积网络 DenseNet[17]。通过建立前面所有层和后层特征的密集连接，实现了更加密集的信息流通，进一步缓解了出现梯度消失的现象。同时损失梯度通过密集连接能够较快到达前层网络，在参数与计算量更小的情况下，实现了比 ResNet 网络更优的性能。

其中 DenseNet 网络是由基本模块 Dense Block 组成的，Dense Block 结构图如图 2.22 所示。在该结构中，前面所有卷积层输出的特征图通过通道维度拼接的方式输入该层卷积层，从而实现密集连接的操作。DenseNet 网络的主要优点：一是能够实现更强的信息流通，分类层的误差信号能够较早传播到前面的卷积层，从而对前面的卷积层实现直接监督；二是能够减少参数量，通过密集连接的方式，卷积核的通道数可以减小；三是保存了低维度的特征，通过密集连接的方式，模型能够利用低维度的特征，从而得到更加平滑的决策边界，提高识别的准确率。

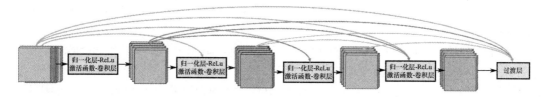

图 2.22 Dense Block 结构图

2.4 小结

本章介绍了人工神经网络的基本原理和发展历史，以及两种重要的人工神经网络模型：BP 网络和卷积神经网络。首先，2.2 节通过生物神经系统的结构和功能，阐释了人工神经网络的灵感来源和模拟目标，并详细介绍了神经网络的基本组成和工作机制，包括神经元、权重、激活函数、损失函数、优化算法等核心概念。特别地，在 BP 网络部分，以三层的 BP 网络为例讲解了反向传播算法原理，通过精简的公式推导，演示了网络训练中的反向传播过程。进一步，本章在 2.3 节介绍了卷积神经网络的基本概念，明确了其三种基本结构：卷积层、池化层和激活层。通过分别探讨目标识别和图像融合领域的典型模型，读者能够了解卷积神经网络在处理视觉数据方面的应用。总体而言，本章为读者提供了学习神经网络基础知识的机会，为后续的学习和研究奠定了基础。

参 考 文 献

[1] JAIN A K, MAO J C, MOHIUDDIN K M. Artificial neural networks: a tutorial[J]. Computer, 1996, 29（3）: 31-44.

[2] GRIMAN S, SAUVE Y, LUND R. Receptive field properties of single neurons in rat primary visual cortex[J]. Journal of neurophysiology, 1999, 82（1）: 301-311.

[3] MCCULLOCH W S, PITTS W. A logical calculus of the ideas immanent in nervous activity[J]. The bulletin

of mathematical biophysics, 1943, 5: 115-133.

[4] RAO R P N, OLSHAUSEN B A, LEWICKI MS. Probabilistic models of the brain: perception and neural function[M]. Cambridge, MIT press, 2002.

[5] HOPFIELD J J, TANK D W. "Neural" computation of decisions in optimization problems[J]. Biological cybernetics, 1985, 52（3）: 141-152.

[6] HINTON G E. Boltzmann machine[J]. Scholarpedia, 2007, 2（5）: 1668.

[7] BENGIO Y. Learning deep architectures for AI[J]. Foundations and trends® in Machine Learning, 2009, 2（1）: 1-127.

[8] ROSENBLATT F. The perceptron: a probabilistic model for information storage and organization in the brain[J]. Psychological review, 1958, 65（6）: 386.

[9] ZHAO W D, WANG D, LU H C. Multi-focus image fusion with a natural enhancement via a joint multi-level deeply supervised convolutional neural network[J]. IEEE Transactions on Circuits and Systems for Video Technology, 2018, 29（4）: 1102-1115.

[10] LI H, WU X J. DenseFuse: a fusion approach to infrared and visible images[J]. IEEE Transactions on Image Processing, 2018, 28（5）: 2614-2623.

[11] MA J Y, YU W, Liang P W, et al. FusionGAN: a generative adversarial network for infrared and visible image fusion[J]. Information fusion, 2019, 48: 11-26.

[12] XU H, MA J Y, JIANG J J, et al. U2Fusion: a unified unsupervised image fusion network[J]. IEEE Transactions on Pattern Analysis and Machine Intelligence, 2020, 44（1）: 502-518.

[13] PRABHAKAR K R, SRIKAR V S, BABU R V. Deepfuse: a deep unsupervised approach for exposure fusion with extreme exposure image pairs[C]// Institute of Electrical and Electronics Engineers, IEEE international conference on computer vision. 2017: 4714-4722.

[14] KRIZHEVSKY A, SUTSKEVER I, HINTON G. Imagenet classification with deep convolutional neural networks[J]. Communications of the ACM, 2017, 60（6）: 84-90.

[15] SIMONYAN K, ZISSERMAN A. Very deep convolutional networks for large-scale image recognition[J]. arXiv preprint arXiv:1409.1556, 2014.

[16] HE K M, ZHANG X Y, REN S Q, et al. Deep residual learning for image recognition[C]// Institute of Electrical and Electronics Engineers, IEEE/CVF conference on computer vision and pattern recognition, Las Vegas, IEEE, 2016: 1646-1654.

[17] HUANG G, LIU Z, MAATEN L V D, et al. Densely connected convolutional networks[C]// Institute of Electrical and Electronics Engineers, IEEE/CVF conference on computer vision and pattern recognition, Las Vegas, IEEE, 2016: 4700-4708.

第 3 章 特征表示学习的多源图像融合

3.1 引言

多源图像融合任务在医疗诊断[1]、遥感测绘[2]、安全和监控[3]等领域具有广泛应用。该任务旨在整合多幅图像的互补信息以生成信息量更多的图像。举例来说,由场景的反射光拍摄的可见光图像包含丰富的纹理细节。与之互补的是,通过热辐射呈现出的红外图像具有较强的抗干扰能力(如防烟雾、防夜间低光)。然而,红外图像中缺乏详细的结构信息。在深度学习领域,特征表示学习是指通过神经网络学习输入数据的一种表示形式,它能够更好地捕捉数据的结构和特征。通过多层神经网络学习数据的层次化特征表示,使得网络能够自动地发现和提取数据中的有用特征。因此,本章将通过特征表示学习的方式整合多源图像的重要信息,从而构建出高质量的融合图像。

本章提出的多源图像融合任务将解决两个具有挑战性的问题:第一,针对红外和可见光图像融合过程中出现的重要信息退化现象。第二,单个领域的特定特征融合会导致其他领域应用程序的性能有限。针对第一个问题,在 3.2 节中,设计了交互式特征嵌入的图像融合网络[4]。首先利用重建任务进行特征提取并保留更多源图像的重要特征,其次将融合和重建任务进行特征交互式嵌入,逐步提取重要信息表示并促进融合任务。针对第二个问题,在 3.3 节中,设计了联合特定和通用特征表示的图像融合网络[5]。通过学习领域特定和领域通用特征表示,实现了多领域图像融合通用框架,降低了手动选择的成本。在 3.4 节中,对上述算法进行了总结,并提出了算法的适用场景。

3.2 交互式特征嵌入的图像融合

3.2.1 方法背景

一般来说,关键特征的提取和融合是红外图像与可见光图像融合好坏的重要因素。一方面,可见光图像主要代表具有详细纹理的反射光信息,而红外图像则代表具有高对比度像素强度的热辐射信息[见图 3.1(a)和图 3.1(b)]。需要特别注意的是这两类特征存在域差异。另一方面,可见光和热成像都包含一些共同的重要特征,如亮度和目标语义。因此,如何综合提取和融合上述特征,包括通用特征和域差异特征,仍然是主要的问题。

为了缓解上述问题,以前的方法主要分为三类:第一类,用手工制作的基于特征的方法实现图像变换[如多尺度变换(MST)[6-8]和混合模型[9-11]]来提取一些特定的信息,如对比度和纹理。第二类,基于卷积神经网络(CNN)的方法(如 DenseFuse[12]、IFCNN[13]和 U2Fusion[14])学习提取多层次特征,从而融合重要信息和域差异信息。第三类,基于对抗性学习的方法[15-17]旨在通过对抗性训练和设计损失来融合热辐射信息和纹理细节信息。

虽然红外图像与可见光图像融合已经取得了一定的进展，但以往的方法普遍存在以下局限性。一方面，相同的图像变换或卷积算子很难提取全面的特征。另一方面，单阶段特征融合可能无法使融合后的图像保留源图像的所有重要特征。图3.1（c）中可见光图像（如亭子）的强度信息和红外图像（如人）中的纹理信息丢失，图3.1（d）和图3.1（e）中源图像的强度信息保存不佳，图3.1（f）和图3.1（g）中存在低对比度困境。针对上述问题，本节提出了用于红外图像与可见光图像融合的自监督分层特征提取和阶段交互特征融合框架（IFESNet）。

具体而言，首先构想了联合源图像重建与融合的自监督策略。图像重建任务作为辅助任务，以自监督的方式将源图像作为真值进行训练。因此，可以学习到源图像更丰富、更全面的特征。与无监督机制相比，本节采用的自监督策略可以捕获更多的信息表示。此外，提出了一种交互式特征嵌入模型（IFEM），在自监督学习与红外图像和可见光图像融合学习之间架起一座桥梁，实现重要的信息保留。IFEM是通过融合和重建任务之间相互作用的层次表示来制定的。具体来说，融合和重建任务之间通过递归的方式实现分层交互。注意，分层表示交互过程是双向的。因此，本节利用不同任务之间的内在关系来有效提取和融合这些特征表示，从而提高融合任务的性能。

如图3.1（h）所示，IFESNet可以保留更大容量的图3.1（b）中的热辐射信息（如人）和图3.1（a）中的纹理细节信息（如亭子和树木）。此外，从局部放大区域可以看出，IFESNet融合结果还可以有效地保留图3.1（b）中的纹理和边缘信息（如右侧框中人的背部区域）和图3.1（a）中的高对比度强度信息（如左侧框中的路灯）。相反地，GTF、FusionGAN和DDcGAN在红外图像中丢失了部分纹理细节，而DeepFuse和DenseFuse在可见光图像中丢失了部分对比度信息。具体来说，本节的主要内容如下。

（1）本节首次尝试开发自监督策略来解决红外图像与可见光图像融合中关键信息缺失的困境。与目前广泛使用的非对抗和对抗融合方法相比，本节所提出的方法（IFESNet）简单有效，更好地提高了融合图像的性能。

（2）跨融合和重构任务设计交互式特征嵌入模型，逐步提取重要信息表示，推进融合任务。

（3）与其他方法相比，本节所提出的方法可以保留更多重要的特征，包括通用特征和域差异特征。

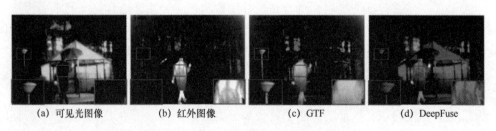

(a) 可见光图像　　　　(b) 红外图像　　　　(c) GTF　　　　(d) DeepFuse

图3.1　不同方法融合图像的重要特征保留

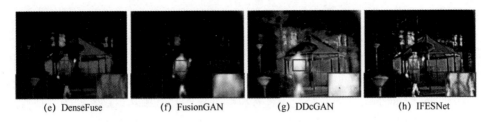

(e) DenseFuse　　　(f) FusionGAN　　　(g) DDcGAN　　　(h) IFESNet

图 3.1　不同方法融合图像的重要特征保留（续）

3.2.2　交互式特征嵌入的图像融合网络模型

本节致力于缓解重要特征丢失的困境。红外图像和可见光图像分别具有热辐射信息和可见光梯度（或纹理）信息。它们之间存在的域差异需要特别注意。另外，它们包含一些共同的属性特征，如梯度（或纹理）信息、强度、对比度和饱和度。大多数融合方法采用相同的算子进行特征提取，导致处理域差异特征的性能有限。最重要的是，现有的融合方法采用无监督策略和复杂的损失函数进行重要特征融合，这种机制不足以保留所有重要信息。由于设计一个涵盖所有重要特征的综合自适应损失函数是不可行的，因此忽略任何信息（如红外图像的纹理信息或可见光图像的强度信息）将导致重要特征缺失（见图 3.1）。

在本节提出一种新的交互式特征嵌入自监督学习网络（IFESNet）用于红外图像和可见光图像融合。与目前广泛使用的无监督机制不同，本节尝试将自监督策略与阶段交互特征嵌入学习相结合来解决重要信息缺失问题。其详细架构如图 3.2 所示。考虑了几个概念来构思这样的架构，包括在 3.2.2.2 节中，用于联合重建和融合任务的自监督分层特征提取；在 3.2.2.4 节中，使用阶段交互式特征嵌入模型。请注意，由于池化操作会降低特征的空间分辨率，因此 IFESNet 由卷积层组成，以有效地保留融合图像的空间细节。

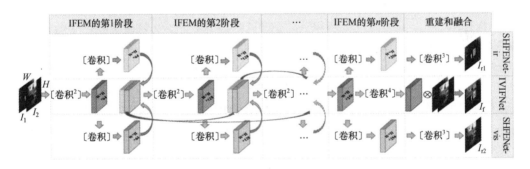

图 3.2　自监督学习网络（IFESNet）中交互式特征嵌入的详细架构

3.2.2.1　自监督分层特征提取

通过自监督机制，本节的目标是实现包含更多信息表示的分层特征提取，从而提高融合性能。如图 3.2 所示，IFESNet 包括 SHFENet-ir（红外图像自监督分层特征提取网络）、SHFENet-vis（可见光图像自监督分层特征提取网络）和 IVIFNet（红外图像与可见光图像融合网络）。在 3.2.2.2 节中，将详细介绍联合重建和融合任务的自监督策略。

3.2.2.2　自监督特征提取

关键特征提取是提高融合性能的前提。因此，本节的目标是提取包含红外图像 I_1 和可

见光图像 I_2 综合特征的分层特征 F_n' 和 F_n''。本质上，这是通过以自监督的方式使用源图像作为真值重构图像 I_{r1} 和 I_{r2} 来实现的。由于分层特征 F_n'、F_n'' 可以将其重建回源图像，从而确保相应的分层能够提取源图像的重要特征。

以 SHFENet-ir 为例（见图 3.2），从信息流的角度来看，SHFENet-ir 是由 SHFENet-ir 各层与 IVIFNet 之间的层次化特征交互过程构建而成的。其中，分层特征 F_n' 和 F_n'' 完全由 IVIFNet 的分层特征 F_n 得到，可表示为

$$F_n', F_n'' = \underbrace{C\{C^2[\mathrm{Cat}(F_{n-1}', F_{n-1}'')]\}}_{F_n} \tag{3.1}$$

式中，F_n' 和 F_n'' 分别表示 SHFENet-ir 和 SHFENet-vis 中第 n 层的分层特征；F_n 是 IVIFNet 的分层特征；C 和 C^2 分别表示进行一次和两次卷积运算；Cat 表示连接操作。对于 SHFENet-ir 和 SHFENet-vis 的最后一层，输出都为重构结果，分别可表示为

$$I_{r1} = C^3(F_n'), \quad I_{r2} = C^3(F_n'') \tag{3.2}$$

式中，I_{r1} 和 I_{r2} 分别为红外图像和可见光图像的重构结果；C^3 为进行三次卷积运算。

自监督策略在重建任务中保证了分层特征 F_n'、F_n'' 包含源图像 I_1 和 I_2 的主要特征。值得注意的是，重构任务的分层特征 F_n'、F_n'' 完全由融合任务的相应分层特征 F_n 得到。因此，F_n'、F_n'' 反过来约束 IVIFNet 的分层特征 F_n，使其具有 I_1、I_2 的主要特征。换句话说，自监督策略促进了融合任务。具体来说，SHFENet 由 6 个 3×3 核的卷积层构成，分别为 64、128、256、128、64 和 1 个通道。需要注意的是，在 SHFENet 中没有采用下采样和上采样结构，这样可以避免有效信息的丢失。

3.2.2.3 分层特征融合

在 IVIFNet 中，本节的目标是利用自监督机制获得的分层特征生成融合结果。考虑到提取的分层特征 F_n'、F_n'' 覆盖了足够多的源图像信息，具有促进融合任务的潜力。因此，如何利用这些重要特征来完成融合任务仍然是一个有待解决的问题。

为此，设计了重建与融合任务之间的层次化特征交互过程，逐步推进融合网络。如图 3.2 所示，首先将源图像 I_1 和 I_2 进行拼接，然后进行两次卷积运算，即可得到分层特征 F_1。基于先合并再分离特征的思想[18]，从 SHFENet 中融合了分层特征 F_{n-1}' 和 F_{n-1}''，IVIFNet 的分层特征 F_n 可表示为

$$F_n = C^2\left(\mathrm{Cat}\left(\underbrace{C(F_{n-1}')}_{F_{n-1}'}, \underbrace{C(F_{n-1}'')}_{F_{n-1}''} \right) \right) \tag{3.3}$$

此时，IVIFNet 的分层特征 F_n 由分层特征 F_{n-1}'、F_{n-1}'' 衍生而来，启发式地共享低、中、高级特征进行融合。因此，通过自监督策略提取的分层特征 F_n'、F_n'' 可以充分用于融合任务，从而避免了融合结果中重要特征的丢失。具体来说，IVIFNet 由 10 个 3×3 核的卷积层，分别包括 64、64、128、128、256、256、256、128、64 和 1 个通道。IVIFNet 最后一个卷积层的输出是红外图像和可见光图像的权重图。因此，通过对源图像 I_1、I_2 进行逐通道乘法运算，可以得到融合结果，其表达式为

$$I_{\mathrm{f}} = \sum_{i=1}^{2} \underbrace{C^4(F_n)}_{W_i} \otimes I_i \qquad (3.4)$$

式中，I_f 为融合结果；W_i 为第 i 权重映射，它是通过在 F_n 上进行 4 次卷积运算得到的；I_i 为第 i 层源图像。

3.2.2.4 阶段交互式特征嵌入模型

从垂直方向上观察图 3.2，IFESNet 由多阶段交互式特征嵌入模型（IFEM）组成。IFEM 在 SHFENet 和 IVIFNet 之间进行层次化的特征交互。这允许联合学习相关表示，以减轻融合结果中重要特征的丢失。本节认为 SHFENet 和 IVIFNet 层可以被视为不同的特征描述符，从不同任务中学习的特征可以被视为源图像的不同表示。因此，与重建相关的特征表示可以为融合提供额外的重要特征。具体来说，层次化的特征交互作为重建任务和融合任务之间的桥梁，可以利用不同任务之间的内在联系来改进特征表示，从而提高融合任务的性能。F_n 和 F'_{n-1}、F'_n、F''_{n-1}、F''_n 之间层次化特征相互作用的 n 级 IFEM 可表示为

$$F'_n, \ F''_n = B_i(F_n), \quad F_n = \mathrm{INT}(F'_{n-1}, F''_{n-1}) \qquad (3.5)$$

式中，B_i 为从 IVIFNet 到 SHFENet 的分层特征传递过程；INT 为从 SHFENet 到 IVIFNet 的分层特征传递过程；n 为阶段号；相互作用过程是双向的，F_n 和 F'_n、F''_n 可以相互表示。

具体来说，INT 过程的目的是确保重要的分层特征 F'_n、F''_n 被连接并共享到融合网络的相应层次，从而促进融合任务的完成。阶段交互的融合过程利用所有的分层特征进行融合，大大减少了中间信息的丢失。B_i 过程的目的是将融合的分层特征 F_n 传递给重建任务，从而确保融合的分层特征 F_n 包含源图像的重要信息。因此，在重构任务和融合任务之间进行分层特征交互的阶段交互式特征嵌入模型可以提高融合性能。

3.2.2.5 优化

本节的目标是设计一个损失函数，通过自监督学习框架中的交互式特征嵌入模型来实现重要特征提取和融合。具体来说，本节联合训练重建和融合任务。因此，设计损失可以表示为

$$L = L_\mathrm{I} + L_\mathrm{V} + L_\mathrm{F} + L_\mathrm{M}$$

式中，L_I 和 L_V 分别为 SHFENet-ir 和 SHFENet-vis 的自监督重建损失函数；L_F 为 IVIFNet 的损失函数；L_M 为权重图约束。

以前的一致性损失函数（如基于能量的对比度约束[5]和感知约束[19]）通常融合了一些特定信息，如亮度和边缘。相比之下，本节通过设计图像重建任务引入自监督约束，该任务通过将源图像视为地面实况来进行训练。因此，可以学习源图像更全面的特征。在这里，本节采用标准均方误差（MSE）作为自监督分层特征提取网络训练的损失函数：

$$L_\mathrm{I} = \mathrm{MSE}(I_1, I_{\mathrm{r}1}), \quad L_\mathrm{V} = \mathrm{MSE}(I_2, I_{\mathrm{r}2})$$

式中，I_1 和 I_2 分别代表可见光图像和红外图像；$I_{\mathrm{r}1}$ 和 $I_{\mathrm{r}2}$ 为重建结果。上述损失函数保证了重建网络的层次结构具有提取源图像重要特征的能力。

为了进一步融合重要特征，本节对 IVIFNet 采用基于结构相似性指数度量（SSIM）[20-22]的损失函数。具体来说，输入图像 $I_n(n=1,2)$ 在 SSIM 框架中由对比度 C、结构 S 和亮度 L 的分量表示：

$$I_n = C_n \times S_n + L_n \tag{3.6}$$

对比度 C_n 和结构 S_n 为

$$C_n = \|I_n - \mu I_n\|, \quad S_n = \frac{I_n - \mu I_n}{\|I_n - \mu I_n\|} \tag{3.7}$$

式中，μI_n 为 I_n 的平均值。对于预期结果 $\bar{I} = \zeta \bar{C} \times \bar{S}$，它应该包含高对比度及源图像的主要结构。因此，对应的对比度 $\bar{C}$ 和结构 $\bar{S}$ 可以表示为

$$\bar{C} = \max_{n=1,2} C_n, \quad \bar{S} = \frac{\sum_{n=1}^{2} S_n}{\left\|\sum_{n=1}^{2} S_n\right\|} \tag{3.8}$$

最后，融合结果 I_f 与期望结果 I 之间的 SSIM 可以通过以下函数计算：

$$\text{SSIM} = \frac{2\sigma_{\bar{I}I_f} + C}{\sigma_{\bar{I}}^2 + \sigma_{\bar{I}_f}^2 + C} \tag{3.9}$$

式中，$\sigma_{\bar{I}}^2$ 和 $\sigma_{\bar{I}_f}^2$ 分别为 $\bar{I}$ 和 $\bar{I}_f$ 的方差；$\sigma_{\bar{I}I_f}$ 为 $\bar{I}$ 和 I_f 的协方差。因此，IVIFNet 的损失函数可表示为

$$L_F = 1 - \text{SSIM} \tag{3.10}$$

权重图约束 L_M 旨在调整图值，从而提高融合性能。L_M 可以写成：

$$L_M = |\tau - W_1 - W_2| \tag{3.11}$$

式中，τ 为一个超参数。

3.2.3 模型训练

3.2.3.1 训练数据集

在本节中，实验在两个广泛使用的红外图像和可见光图像融合数据集上进行，分别命名为 INFV-20 数据集和 INFV-41 数据集。

对于每个数据集，将 IFESNet 模型与 9 种最先进的方法进行比较，即梯度转移融合（GTF）[23]、DTCWT[7]、DeepFuse[20]、DenseFuse[12]、IFCNN[13]、U2Fusion[14]、FusionGAN[15]、YDTR[53]和 SwinFusion[54]。

3.2.3.2 训练

IFESNet 模型在 GTX 1080Ti GPU 上使用 TensorFlow 实现。采用 Adam[24]优化器，学习率为 1×10^{-4}，批量大小为 1，动量值为 0.9，权重衰减为 5×10^{-3}，τ 和 ξ 分别取 1.0 和 1.7。在 TNO 数据集上用 110 组红外图像和可见光图像训练 IFESNet 模型。

3.2.4 实验

模型训练融合结果如图 3.3～图 3.8 所示。

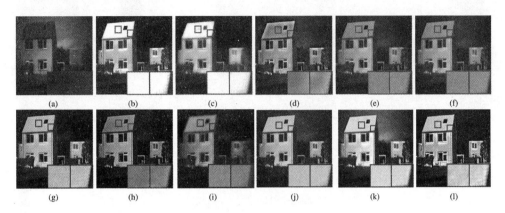

图 3.3 红外图像和可见光图像中热辐射和纹理信息保留的融合结果比较 1。(a)～(l) 分别为原始可见光图像、原始红外图像，以及 GTF、DTCWT、DeepFuse、DenseFuse、IFCNN、U2Fusion、FusionGAN、YDTR、SwinFusion 和 IFESNet 的融合结果

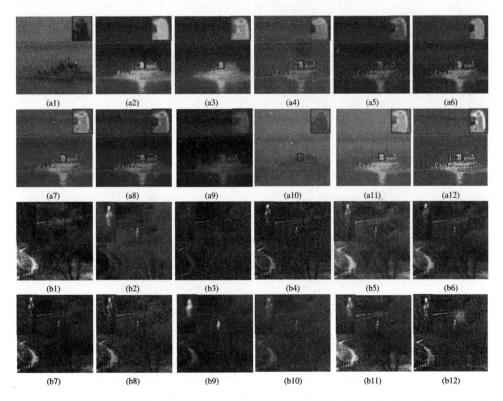

图 3.4 红外图像和可见光图像中热辐射和纹理信息保留的融合结果比较 2。(a1)～(a12) 和 (b1)～(b12) 分别为原始可见光图像、原始红外图像，以及 GTF、DTCWT、DeepFuse、DenseFuse、IFCNN、U2Fusion、FusionGAN、YDTR、SwinFusion 和 IFESNet 的融合结果

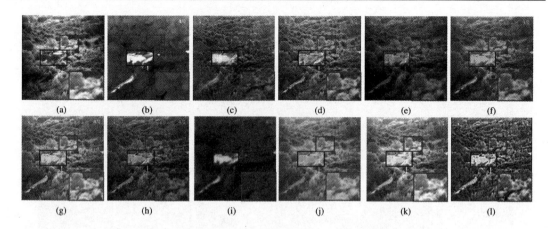

图 3.5　可见光图像中重要信息保留的融合结果比较。(a)～(l) 分别为原始可见光图像、原始红外图像,以及 GTF、DTCWT、DeepFuse、DenseFuse、IFCNN、U2Fusion、FusionGAN、YDTR、SwinFusion 和 IFESNet 的融合结果

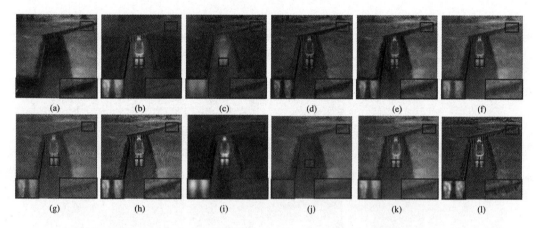

图 3.6　红外图像中重要信息保留的融合结果比较。(a)～(l) 分别为原始可见光图像、原始红外图像,以及 GTF、DTCWT、DeepFuse、DenseFuse、IFCNN、U2Fusion、FusionGAN、YDTR、SwinFusion 和 IFESNet 的融合结果

图 3.7　IFESNet 在平滑约束下的融合结果。融合图像中的噪声被抑制。源图像在图 3.1 和图 3.3～图 3.6 中

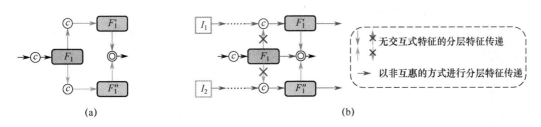

图 3.8 IFESNet 包含 IFEM 和不包含 IFEM 的结构图。(a) 为 IFESNet 的基本组成块（单阶段的 IFEM），(b) 为无 IFEM 的 IFESNet 的基本组成块。无 IFEM 的 IFESNet 与 IFESNet 的结构相同，但特征流不同。IVIFNet 和 SHFENet 之间没有利用交互特征来逐步增加额外的重要信息提取。无 IFEM 的 IFESNet 以非互惠方式进行分层特征提取

3.2.4.1 定性结果

本节将结果与其他方法进行定性比较。图 3.3～图 3.6 提供了 5 对代表性图像的视觉比较。本节比较了源图像重要特征的保留，包括通用特征和域差异特征。

（1）保留热辐射和纹理信息。

如图 3.3（a）和图 3.3（b）所示，可见光图像表示为纹理信息，而红外图像主要表示为热辐射信息。因此，本节从这些信息的保留程度的角度来评估融合性能。

总体来说，所有方法都可以在一定程度上融合源图像的主要特征。更具体地说，GTF 可以极大地融合高像素强度的热辐射信息，而可见光图像中的结构特征会丢失。这可以解释 GTF 旨在保留红外图像的主要强度信息和可见光图像的纹理信息。如图 3.3（c）的矩形框所示，融合结果与红外图像具有很强的强度相似性，但丢失了纹理信息（如瓦片的屋顶）。如图 3.3（d）和图 3.3（e）的矩形框所示，DTCWT 和 DeepFuse 都不能很好地保留红外图像的高强度热辐射信息，并且丢失了可见光图像的部分纹理信息。总体来说，那些基于手工特征的方法不能很好地处理源图像之间的域差异。由于低层特征无法充分表示热辐射信息和纹理信息，因此重要特征丢失。

图 3.3（f）和图 3.3（h）显示了基于非对抗性融合方法生成的融合结果。直观上，DeepFuse、DenseFuse 和 IFCNN 不能很好地突出热辐射信息，并且丢失了可见光图像的部分纹理信息。这些融合方法侧重于通过无监督策略利用 CNN 结构提取和保留重要特征。一方面，利用相同的卷积算子生成权重图或特征提取，会导致丢失具有域差异的源图像特有的重要特征。另一方面，通过优化损失函数来约束包含源图像主要内容的融合结果，实现无监督训练。同样，如图 3.3（i）所示，基于对抗性训练的 FusionGAN 也丢失了重要信息，并伴有模糊性和失真。

因此，无监督机制无法充分提取特征，从而无法保证源图像的所有重要信息都能被保留。如图 3.3（j）和图 3.3（k）所示，基于 YDTR 和 SwinFusion 也会丢失一些对比度信息。相反地，如图 3.3（l）所示，IFESNet 的融合结果很好地保留了重要信息，包括红外图像的热辐射信息和可见光图像的纹理信息。图 3.4 展示了两对代表性图像的融合结果。很明显，IFESNet 的结果显示出更好的融合性能。

（2）保留其他重要特征。

如前所述，红外图像不仅呈现高像素强度的热辐射信息，还包含其他特征，如纹理和边缘信息。同样，可见光图像还包含其他重要特征，如强度、对比度和饱和度。本节将进一步评估源图像其他重要特征的保留。

图3.5给出了可见光图像中重要信息保留的融合结果比较。值得注意的是，尽管IFESNet的结果也能最大限度地融合对比度较高的红外图像中的热辐射信息（如深色矩形框所示），但本节主要关注的是可见光图像中重要信息的保留。更具体地说，图3.5（a）显示了丰富的外观，包括高强度、对比度和饱和度信息（如浅色矩形框所示）。如图3.5（c）所示，GTF可以保留可见光图像的纹理信息，但却丢失了其他重要信息，如强度、对比度和饱和度。原因在于建模时没有考虑到这些特征。同样的问题也出现在图3.5（d）和图3.5（e）中，它们分别由DTCWT和DeepFuse生成。与DeepFuse、YDTR、SwinFusion和DenseFuse相比，IFCNN能从可见光图像中保留更多的重要信息。不过，与可见光图像和IFESNet的结果相比，IFCNN在亮度、对比度和饱和度方面仍有一定程度的损失。

此外，本节还进一步评估了红外图像中其他重要特征的保留，如边缘和纹理信息。图3.6所示为红外图像中重要信息保留的融合结果比较。如图3.6（b）的突出显示区域所示，红外图像呈现出一些在图3.6（a）中几乎不可见的纹理信息。总体来说，如图3.6（l）的矩形框所示，IFESNet的结果比其他方法表现出更多的纹理外观。如图3.6（c）~图3.6（k）所示，它们均丢失了一些细节，如腿的纹理和墙壁的边缘。这限制了在可见光图像中的梯度信息不可用，以及红外图像中的梯度信息在丰富的场景中的应用。因此，IFESNet还可以更完整地保留红外图像的细节信息，这是其他方法所忽略的，因为它们主要关注热辐射信息。尽管如此，将IFESNet的优异性能归因于：自监督策略可以生成更多、更全面的源图像特征；阶段交互式特征嵌入模型可以逐渐将所有重要信息整合到融合结果中，从而解决重要信息丢失问题。

由于图像融合的重点是生成保留源图像细节的新图像，因此如果源图像（如红外图像）包含噪声，则融合图像将包含噪声，如图3.3~图3.6所示。这里，本节通过使用方差为2、窗口大小为5×5的高斯滤波器为权重图添加平滑约束［见式（3.4）］。如图3.7所示，噪声问题得到缓解。

3.2.4.2 定量评估

本节首先在INFV-20和INFV-41数据集上使用AG、MI、GLD、SF和VIFF指标对IFESNet的结果和竞争对手的结果进行了定量比较。表3.1总结了INFV-41数据集上不同方法的平均质量指标。显然，IFESNet在AG、GLD、SF和VIFF指标方面取得了最佳性能，在MI指标方面表现次佳。AG、GLD和SF的最大值表明结果中保留了更大的梯度、更丰富的纹理和更高的对比度信息。此外，MI和VIFF的满意值表明结果与源图像之间具有更高的相似性，同时融合图像中保留了更多的纹理信息。从表3.2中也可以得出同样的结论。特别地，DenseFuse和U2Fusion专注于提取可见光图像和红外图像中包含的多级特征。由于融合后的图像保留了源图像的通用特征，所以它们能获得比VIFF和MI更好的效果。相比之下，IFESNet的融合图像不仅保留了源图像的通用特征，还融合了源图像的差异特征，因此获得了 AG、GLD 和 SF 更好的结果（它们全面评估了融合结果的性能，如通用特征和域差异特征的保留）。

表 3.1　INFV-41 数据集上不同方法的平均质量指标。最好的结果以黑色加粗显示

指标	GTF	DTCWT	DeepFuse	DenseFuse	IFCNN	U2Fusion	FusionGAN	YDTR	SwinFusion	IFESNet
AG	4.888	7.154	6.153	6.161	8.752	7.458	3.662	4.357	5.376	**12.23**
MI	13.34	13.22	13.77	13.75	13.69	13.84	13.18	13.00	**13.97**	13.87
GLD	8.562	12.49	10.85	10.85	15.28	13.17	6.638	7.547	9.458	**21.43**
SF	0.0415	0.0603	0.0488	0.0497	0.0678	0.0597	0.0294	0.0376	0.0447	**0.0934**
VIFF	0.2205	0.3834	0.6080	0.5988	0.4774	0.6955	0.2923	0.2692	0.4119	**0.8161**

表 3.2　INFV-20 数据集上不同方法的平均质量指标。最好的结果以黑色加粗显示

指标	GTF	DTCWT	DeepFuse	DenseFuse	IFCNN	U2Fusion	FusionGAN	YDTR	SwinFusion	IFESNet
AG	4.772	5.920	5.199	5.161	6.734	6.699	3.293	3.660	5.581	**11.10**
MI	13.22	12.83	13.46	**13.80**	13.28	13.57	12.90	12.40	13.44	13.64
GLD	8.177	10.11	9.011	8.876	11.56	11.54	5.759	6.205	9.513	**18.94**
SF	0.0398	0.0490	0.0397	0.0431	0.0526	0.0505	0.0266	0.0310	0.0462	**0.0860**
VIFF	0.1931	0.3484	0.6084	0.4441	0.4924	0.6496	0.2504	0.2105	0.3993	**0.7566**

3.2.4.3　消融研究

（1）交互式特征嵌入学习的效果。

如 3.2.2 节所述，交互式特征嵌入模型（IFEM）可促进双向交互式的分层特征提取和融合。为了分析该机制的贡献，本节实现了一个名为 IFESNet w/o IFEM 的变体进行比较。IFESNet 和无 IFEM 的 IFESNet 的基本组成块分别如图 3.8（a）和图 3.8（b）所示。图 3.8（b）与图 3.8（a）相比，无 IFEM 的 IFESNet 阶段采用相同的架构设计，但数据流方向不同。具体来说，IFESNet w/o IFEM 没有在 IFESNet 中使用融合和重建任务之间的交互式特征嵌入学习机制，而仅采用来自两个重建网络的分层特征传递，没有来自融合网络的特征反向传递过程。因此，分层特征交付是以非互惠的方式进行的。为了公平比较，IFESNet 和 IFESNet w/o IFEM 采用具有相同参数的卷积层。定量评价如表 3.3 所示。与 IFESNet 相比，无 IFEM 的 IFESNet 融合性能较差，所有指标均显著下降。尽管 IFESNet w/o IFEM 以自监督的方式进行分层特征提取，但那些没有阶段交互的分层特征不能保证包含足够的重要信息用于融合。

表 3.3　通过自监督策略进行分层特征提取对 INFV-20 数据集的影响

策略	AG	MI	GLD	SF	VIFF
IFESNet w/o IFEM	9.102	13.44	15.53	0.720	0.6161
IFESNet	**9.924**	**13.62**	**16.99**	**0.0770**	**0.7011**

（2）自监督重建损失的影响。

如 3.2.2 节所述，采用了 MSE 作为自监督分层特征提取网络训练的损失函数。这里，使用自监督机制中基于 MAE 的感知损失进行比较。需要注意的是，基于 MAE 和 MSE 的

方法都使用 SSIM 损失来训练 IVIFNet。如表 3.4 所示，本节基于 MSE 的损失可以实现更好的融合性能。

表 3.4 通过自监督重建损失对 INFV-20 数据集的影响

损 失	AG	MI	GLD	SF	VIFF
MAE-based loss	9.762	13.55	16.77	0.0765	0.6997
MSE-based loss	**9.924**	**13.62**	**16.99**	**0.0770**	**0.7011**

（3）结构相似性指数损失的影响。

为了保留源图像的结构细节，在 3.2.2 节中，采用基于 SSIM 的损失来训练 IVIFNet。这里，采用可见感知（VP）损失[5]进行比较。需要注意的是，基于 VP 和 SSIM 的方法都使用 MSE 来训练分层特征提取分支。如表 3.5 所示，本节基于 SSIM 的损失获得了更好的融合性能，因为融合图像保留了源图像的结构细节。

表 3.5 结构相似性指数损失对 INFV-20 数据集融合性能的影响

损 失	AG	MI	GLD	SF	VIFF
VP-based loss	8.417	12.90	14.12	0.0639	0.2425
SSIM and MSE loss	**9.924**	**13.62**	**16.99**	**0.0770**	**0.7011**

（4）分层连接对不同 IFEM 阶段的影响。

如图 3.8（a）所示，本节将 IFESNet 的每层及其对应的具有一个交互式特征嵌入学习过程的 IVIFNet 层视为一个 IFEM 阶段。此外，分层连接应用在两个阶段，如图 3.2 所示。这里，本节目标是分析具有分层连接的各种 IFEM 阶段的性能。具体来说，将 IFESNet 与两个阶段（名为 IFESNet-HC2）、三个阶段（名为 IFESNet-HC3）和四个阶段（名为 IFESNet-HC4）进行比较。表 3.6 列出了对 INFV-20 数据集的定量评估。随着阶段的增加，指标数值往往会变大。由于集成了更多的低级和高级特征，融合性能变得更好。本节实验采用 IFESNet-HC4。

表 3.6 分层连接对 INFV-20 数据集融合性能的影响

分 层 连 接	AG	MI	GLD	SF	VIFF
IFESNet-HC2	9.821	13.52	16.76	0.0777	0.6751
IFESNet-HC3	10.21	13.53	17.40	0.0802	0.6701
IFESNet-HC4	**11.10**	**13.64**	**18.94**	**0.0860**	**0.7566**

3.3 联合特定和通用特征表示的图像融合

3.3.1 方法背景

传统方法通常提取手工特征进行图像融合。多样域变换（如稀疏表示[2,25]、多尺度分解[26-27]、非负矩阵分解[28-29]）和融合策略（如基于引导滤波的加权平均[32]、基于空间上下文的加权平均[30]）方法已经得到了发展。例如，非负矩阵分解可以有效实现图像中物体的局部或部分表示，已用于遥感图像的图像融合[28]和去云[29]。近年来，卷积神经网络（CNN）

凭借其强大的特征提取能力，在各种图像融合任务中表现出优异的性能。LIU Y 等人[32]首先将 CNN 应用于多焦点图像融合，随后提出了许多扩展工作。ZHAO W D 等人[33]提出了端到端多级深度监督卷积神经网络用于多焦点图像融合。DenseFuse[12]和 FusionGAN[15]被提出用于红外视觉图像融合。MCFNet[34]是针对多模态医学图像融合而开发的。PanNet[35]是为了解决泛锐化问题而被提出的。

现有方法通常侧重于单个领域的特定特征融合，最终导致其他领域应用的性能有限，如图 3.9（a）所示。例如，多模态医学图像融合关注组织结构表征，红外和可见光图像融合捕捉红外图像的对比度信息和可见光图像的边缘细节，多光谱图像融合关注纹理结构特征等。研究一种通用的多领域图像融合框架具有以下优点：利用单一模型解决多领域融合问题，导致更少的存储内存开销；通用框架减少了针对不同应用的人工选择成本，具有较强的场景鲁棒性；通用模型可以利用不同领域之间的内部关系来增强特征表示，从而提高特定领域融合的性能，如图 3.9（b）所示。

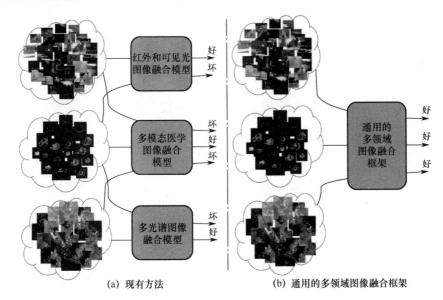

图 3.9　图像融合框架的动机

为了实现通用的多领域图像融合框架，目前已经存在许多探索。LI S 等人[30]发展了一种基于引导滤波的图像融合方法。LIU Y 等人[9]提出了一种多尺度变换与稀疏表示相结合的通用的图像融合框架。这些方法依赖于手工制作的特征，对复杂场景的鲁棒性较弱。最近，ZHANG Y 等人[13]引入了基于 CNN 的通用的图像融合框架，该框架使用多焦点图像数据集训练的 CNN 对不同图像进行融合，是一种新的通用多领域图像融合框架。该框架缺乏特定领域的特征表示，并且忽略了不同领域之间的内部相关性，最终导致性能受限。考虑到建立一个适用于各个领域的通用融合框架存在一些障碍，本节分析了这些挑战，并提出了以下解决方案。

（1）领域自适应和多领域特征表示：一方面，不同领域图像在不同应用场景下具有特定领域的特征。因此，需要特别注意单个领域内的领域自适应。另一方面，多领域图像具有领域普遍特征（如边缘细节）。因此，理想的通用融合网络既要提取公共领域特征，又要提取特定领域特征，以保证多领域的通用性和特定领域的敏感性。

（2）多领域图像数据集和缺乏真值：现有的融合数据集要么是单领域数据集，要么是小规模的集成多领域图像数据集。因此，需要一个大规模的多领域图像数据集来训练和测试通用融合框架。此外，缺乏用于图像融合的真值标注给训练过程带来了很大的困难。

针对上述挑战，本节首先引入了单领域融合模型，提出了一种分而治之的方法。将图像分为低频信息层和高频信息层两个子层，可以很容易地实现一般 CNN 的领域自适应。然后，采用单领域融合模型设计多领域融合框架。具体来说，使用单领域融合模型作为基线架构，学习不同领域之间的共同特征和关系。为了解决特定领域的特征表示问题，本节设计了一种自适应的领域特征提取机制来促进特定领域特征的表示。此外，本节还提出了基于边缘细节和对比度的特定领域无参考感知度量损失来优化学习过程，使融合图像呈现出更具体的外观。

实现通用的多领域图像融合框架需要一个用于训练和测试的多领域图像数据集。现有的融合数据集要么基于单领域[36-37]，要么基于小规模集成多领域图像数据集[39]。因此，本节收集了一个新的图像融合数据集，称为多领域图像融合数据集（MRIF），以便训练和测试。具体而言，本节构建了 520 幅多光谱图像（130 组），包括红、绿、蓝和近红外波段。此外，本节从参考文献[37]中收集了 260 幅红外和可见光图像，从 Medical Data for Machine Learning 图像数据库中收集了 260 幅 MRI-T1 和 MRI-T2 医学图像。

本节方法的主要贡献和创新点总结如下。

（1）本节提出了一种新的通用多领域图像融合框架。首先，提出了一种分而治之的方法来解决单领域内的领域自适应问题。然后，采用单领域融合模型设计多领域融合框架。还提出了自适应领域特征提取机制，以解决特定领域特征表示问题。

（2）本节设计了基于边缘细节和对比度的特定领域无参考感知度量损失，以实现多领域图像融合的无监督深度学习框架。

（3）本节分别在 MRIF 和其他三个数据集（红外和可见光图像、医学图像和多光谱图像）上进行了各种实验来评估模型。定性和定量实验结果表明，通用的多领域图像融合框架优于现有方法。

3.3.2 联合特定和通用特征表示的图像融合网络模型

本节建立一个适用于多领域应用的通用融合框架，其中解决了两个主要问题：单领域自适应和多领域特征表示。首先在 3.3.2.1 节中介绍了提出的单领域融合模型，然后在 3.3.2.2 节中进一步采用单领域融合模型来设计多领域融合框架。在 3.3.3 节中，提出了带有融合权约束的特定领域无参考感知度量损失，用于训练网络。

3.3.2.1 单领域融合模型

在本节中设计了单领域融合模型，该模型将用于构建 3.3.2.2 节中的通用图像融合模型。要实现这一目标，主要解决单领域自适应的难题。GAN 是一种通过对抗过程生成图像来实现自适应的方法。一方面，该生成器可以通过对抗性训练生成另一种域风格的图像来实现自适应[39-40]。另一方面，生成器直接从跨域图像中产生融合图像，其中生成器在判别器的帮助下实现自适应[41-42]。因此，一些基于 GAN 的融合方法也被提出[15,43]。例如，XU H 等人[43]使用生成器生成经过鉴别器训练的逼真融合图像，使融合图像保留红外图像的热目标和可见光图像的纹理细节。

观察：利用上述方法提出的多领域生成 GAN 的思想，采用相应的两种基于 GAN 的融合模型进行实验，观察和分析其局限性，并给出解决方案。

（1）FuseI2GAN：本节首先使用 I2GAN[44]将红外图像从可见光图像中平移过来，从而使生成器的编码器提取的特征被强制进行域对齐；然后，实现了另一个编码器，该编码器与生成器的编码器具有相同的结构，以提取红外图像的特征；最后，采用基于 VGG16 的网络，保留前五个卷积块，融合这些特征并重建视觉图像。FuseI2GAN 如图 3.10（a）所示。

（2）FuseDDcGAN：DDcGAN[43]采用生成器直接从跨域图像中生成融合图像。训练两个鉴别器，强制融合图像保留红外图像中的目标和可见光图像中的纹理细节，如图 3.10（b）所示。不同领域自适应策略下融合方法的可视化比较如图 3.11 所示。从图 3.11（c）和图 3.11（d）中可以看到，FuseI2GAN 和 FuseDDcGAN 融合的图像都产生了不自然的外观（见图 3.11 第一行中靠左的两个矩形框和第二行左下角及右上角的矩形框中的内容）。原因是 GAN 很难被训练来获得最优解。相比之下，本节提出了一种分而治之的方法，将图像分为低频信息层和高频信息层两个子层。普通的 CNN 可以很容易地实现与自然外观的领域自适应和融合。

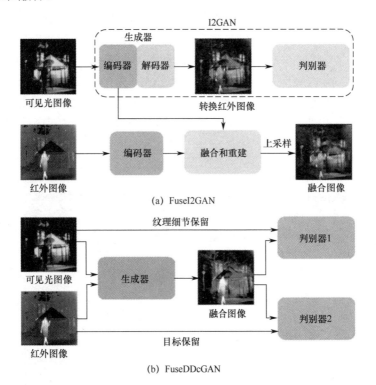

图 3.10　FuseI2GAN 和 FuseDDcGAN 两种基于 GAN 的融合模型的过程

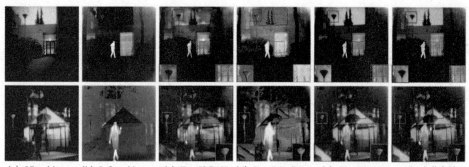

(a) Visual image (b) Infrared image (c) FuseI2GAN (d) FuseDDcGAN (e) DenseFuse (f) 本节方法

图 3.11 不同领域自适应策略下融合方法的可视化比较

分治融合法：该方法将融合图像 F 分为两个子层，即低频信息层和高频信息层。高频信息层包含不同领域的边缘细节，低频信息层包含不同领域的强度，其中跨域特征容易分别对齐。因此，本节融合了输入图像 $I_n(n=1,2,\cdots,N)$ 的低频信息和高频信息。对融合后的图像进行求和重建，模型公式如下：

$$F = f_L(I_1, I_2, \cdots, I_N) + f_H(I_1, I_2, \cdots, I_N) \tag{3.12}$$

式中，f_L 和 f_H 分别为融合后的低频信息和高频信息。

分而治之的融合网络架构如图 3.12 所示，逻辑上包括三个块：特征提取块、子层生成块和融合块。在特征提取方面，本节设计了除池化操作外结构相同的双分支网络，分别提取输入图像的低频特征和高频特征。高频特征提取网络保持输入图像的分辨率，防止边缘细节丢失。低频特征提取网络采用一系列卷积层，然后是 ReLu 层和池化层来提取输入图像的不同级别特征。具体来说，每个分支包含 7 个具有 3×3 核的卷积层，以及 64、64、128、128、256、256 和 256 个通道（如 C1、C2、C3、C4、C5、C6、C7 和 C′1、C′2、C′3、C′4、C′5、C′6、C′7）。随后，本节使用了两个 Conv 层（C8、C9 和 C′8、C′9），分别产生融合的高频子层和低频子层。此外，采用插值调整大小操作，使融合后的低频子层和高频子层具有相同的大小。最后，通过求和生成融合图像。

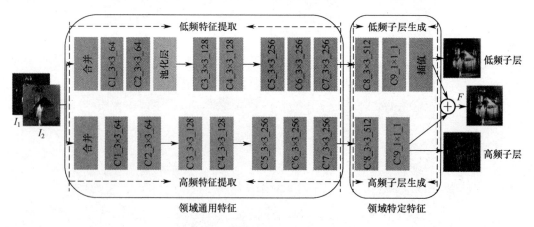

图 3.12 分而治之的融合网络架构

3.3.2.2 通用图像融合模型

通用图像融合模型的通用融合框架应具有跨多领域应用的通用性和单领域应用的敏感性。跨领域迁移学习策略[45-47]可用于通过迁移从大规模数据集中学习到的知识来构建通用融合框架。DenseFuse[12]采用跨领域迁移学习的思想，通过对大规模数据集（MS-COCO）进行微调来实现迁移学习，使网络提取通用特征。然而，DenseFuse 框架缺乏特定领域的特征表示，最终导致性能受限。如图 3.11（e）和图 3.11（f）所示，本节方法获得了更清晰的边缘细节（见图 3.11 第一行靠右的两个矩形框和第二行左上角和右下角的矩形框中的内容）。原因是本节方法不仅考虑提取领域普遍特征，还考虑提取领域特定特征。

具体来说，分而治之的融合网络架构（见 3.3.2.1 节）被用作学习不同领域的共同特征和关系的基线架构。为了解决特定领域的特征表示问题，开发了自适应领域特征提取机制，该机制通过三种策略实现：特定领域的特征表示、自适应子层生成和领域激活机制。多领域融合网络的体系结构如图 3.13 所示。

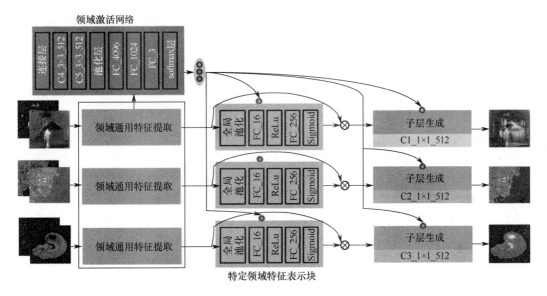

图 3.13 多领域融合网络的体系结构

特定领域的特征表示：在此采用特征关注策略来实现特定领域的特征表示。利用挤压激励（SE）模块作为各领域的基本单元，提取特定领域的特征。由参考文献[48]引入的 SE 机制是一种放大有价值的特征通道并抑制噪声通道的策略，它可以重新校准与通道相关的特征响应。每个 SE 模块由一个全局池化、一个带 ReLu 的全卷积层、一个全卷积层和一个 Sigmoid 层组成。在这里，采用 SE 模块生成特定领域的特征，以获得领域敏感性。这是通过为不同的领域生成一组特定领域的向量 V_{SE} 来实现的。当前领域的 SE 模块是活跃的，以生成特定领域的特性。也就是说，特定领域的特征提取可以通过对应向量激活特征来实现。

$$S_d = M \times V_{SE}^d \tag{3.13}$$

式中，S_d 表示领域 d 的特定特征；V_{SE}^d 表示领域 d 的特定向量；×表示通道方向乘法；M 表示领域的普遍特征。

自适应子层生成：为了有效地生成融合特定领域的高频子层和低频子层，本节方法不仅提取了上述特定领域的特征，而且实现了自适应子层生成机制。具体来说，本节方法添加了一个 1×1 的卷积层内核和 512 个通道（图 3.13 中的 C1、C2 或 C3）到每个领域的子层生成块。因此，将不同领域的共享子层生成块和特定领域的子层生成机制联合学习，生成融合的特定领域子层。

领域激活机制：该机制首先采用不同领域的共享基线融合网络提取共同领域特征，然后实现特征关注策略和自适应子层生成，生成融合的特定领域子层。现在，本节方法解决的问题是如何确定输入图像的领域类型，随后激活相应的特定领域的特征表示块和子层生成块。

在这里，通过设计特定的领域激活网络来实现领域激活机制。领域激活机制使特征提取块特定于单个领域。如图 3.13 所示，首先领域激活网络与特征提取块共享特征，其次是 C4 和 C5 两个卷积层具有 3×3 核和 512 个通道，然后增加池化层来降低维数，最后三个完全连接层和一个 softmax 层用于生成一组领域激活向量 C^d。将领域激活参数提供给 SE 分支的输出，以生成特定领域的特征表示：

$$F_{\text{specific}} = C^d \times S_d \quad (3.14)$$

式中，F_{specific} 表示特定领域的特定特征 d。通过领域激活机制，特定领域特征表示块可以匹配自己的领域属性，从而保证特定领域的敏感性。

3.3.3 模型训练

网络训练中，无法使用的真值标注给训练过程带来了很大的困难。在本节中，目标是设计一个特定领域的无参考感知度量，以实现多领域图像融合的无监督深度学习框架。从人类视觉系统的角度来看，融合图像中保留的感知信息（如边缘细节和对比度）越多，融合方法的性能越好。因此，本节还设计了一个基于边缘细节和对比度作为损失函数的质量测量方法。令 $I_n(n=1,2,\cdots,N)$ 表示输入图像，F 表示融合后的图像，基本感知损失如下：

$$L_{\alpha,\beta} = \text{MAE}(F, \alpha C_{\text{on}}(I_1, I_2, \cdots, I_N) + \beta E_{\text{dg}}(I_1, I_2, \cdots, I_N)) \quad (3.15)$$

式中，MAE 表示平均绝对误差；C_{on} 表示基于对比的测量；E_{dg} 表示基于边缘的测量；α、β 是权重值。由于不同领域图像在不同的应用场景中具有特定的领域特征，本节设计了特定领域的无参考感知度量，因此融合后的图像呈现出特定的外观。具体来说，设计了一种基于局部能量的对比度测量方法，用于红外和可见光图像融合及医学图像融合。

$$C_{\text{on}} = \sum_{n=1}^{N}\sum_{p=1}^{P} w_n(p) G(I_n(p)) \quad (3.16)$$

式中，p 为像素位置；P 为总像素；$G(I_n(p))$ 表示高斯滤波，可以得到图像 $I_n(p)$ 的对比度信息。权值 $w_n(p)$ 为

$$w_n(p) = \frac{1}{L}\sum_{p=1}^{L} \frac{G(I_n(p))}{G(I_1(p)) + G(I_2(p)) + \cdots + G(I_N(p))} \quad (3.17)$$

式中，L 为中心为 p 的窗口大小。对于多光谱图像融合，本节设计了基于局部对比度的权重 $w'_n(p)$：

$$w'_n(p) = \frac{1}{L}\sum_{p=1}^{L}\frac{|G(I_n(p))-A(L)|}{|G(I_1(p))-A(L)|+\cdots+|G(I_N(p))-A(L)|} \quad (3.18)$$

式中，$A(L) = \dfrac{G(I_1(p))+G(I_2(p))+\cdots+G(I_N(p))}{L}$ 为平均能量。

此外，本节还设计了一种基于边缘感知测量的红外和可见光图像融合、医学图像融合和多光谱图像融合算法。

$$E_{\mathrm{dg}} = \sum_{p=1}^{P}\max\left|I_n(p)-G(I_n(p))\right|,\cdots,\left|I_N(p)-G(I_N(p))\right| \quad (3.19)$$

多域融合的最终感知损失为

$$L_{\mathrm{final}} = L^{\mathrm{i}}_{\alpha,\beta} + L^{\mathrm{m}}_{\alpha',\beta'} + L^{\mathrm{S}}_{\alpha'',\beta''} \quad (3.20)$$

3.3.4 实验

3.3.4.1 实验配置

关于基准数据集，本实验收集了一个新的多领域图像融合数据集（MRIF），该数据集由红外和可见光图像、医学图像和多光谱图像组成，用于训练和测试。具体来说，核磁共振成像包括 390 组。每个领域包含 130 组图像，其中 110 组用于训练，20 组用于测试。此外，还采用了三个数据集来评估本节方法：INVI 数据集包含 41 对红外和可见光图像，MEDI 数据集包含 5 对 MRI-PET 图像，RESE 数据集包含 24 对遥感图像，通过裁剪 4 对多光谱（红、绿、蓝和近红外波段）和全色图像来构建。

关于实验细节，使用 GTX 1080Ti GPU 在 TensorFlow 框架中训练网络。参数是随机初始化的。网络采用 Adam[25]优化器，学习率为 1×10^{-4}，批量大小为 1，动量值为 0.9，权重衰减为 5×10^{-3}。在训练阶段，将图像大小调整为 256×256，用于训练和测试。窗口的大小 L 被取为 9，高斯滤波的方差为 5。最终感知损失中的权重值分别为 $\alpha=1$，$\beta=2.5$；$\alpha'=1.1$，$\beta'=4$；$\alpha''=1$，$\beta''=3$，按照上述顺序，每组 α 和 β 分别为红外和可见光图像融合、医学图像融合和多光谱图像融合。

3.3.4.2 评价指标

关于评价指标，采用 5 个质量评价指标对提出的多领域图像融合方法进行综合评价。采用信息熵（Information Entropy，EN）、平均梯度（Average Gradient，AG）、均方差（Mean Square Deviation，MSD）和灰度差（Gray Level Difference，GLD）四个质量评价指标[38]来评估边缘细节和对比度增强的性能。较大的 EN、AG、MSD 和 GLD 值表明输入图像的边缘细节和对比度增强更好。此外，采用互信息（MI）[49]来衡量融合图像中原始信息的保留程度，更大的 MI 表示输入图像的信息保留更好。此外，在实验中还增加了两个广泛使用的定量指标来评估多光谱图像融合性能的光谱误差：通用图像质量指数（UIQI）和光谱角度映射器(SAM)[50]。SAM 越小,UIQI 越大,表明融合图像保留的光谱质量越好,融合图像与原始图像的光谱匹配越好。

3.3.4.3 与先进方法的对比

将本节方法与基于卷积神经网络的通用图像融合框架(IFCNN)[13]、引导滤波(GFF)[30]、非下采样 Contourlet 变换(NSCT)[9]和基于 SR 的方法(SR)[9]四种最先进的多领域融合方法进行了比较和评估。本实验使用作者提供的代码和推荐的参数设置来实现这些方法。

定性结果:图 3.14(a)和图 3.14(b)分别为三组复合彩色图像和三组红外图像信息互补的多光谱图像。由 SR、NSCT 和 GFF 方法生成的融合图像包含了输入图像的主要特征,如图 3.14(c)、图 3.14(d)和图 3.14(e)所示,但在结构细节和光谱畸变方面存在不同程度的模糊。在图 3.14(e)和图 3.14(f)中,GFF 和 IFCNN 融合了输入图像的主要光谱信息,同时保留了边缘细节。相比之下,本节方法在保留主要光谱特征的同时,更好地改善了结构细节,如图 3.14(g)所示。

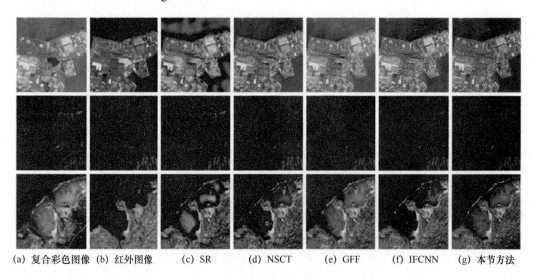

(a) 复合彩色图像 (b) 红外图像　(c) SR　　(d) NSCT　　(e) GFF　　(f) IFCNN　(g) 本节方法

图 3.14　采用不同的多光谱图像融合方法的结果

图 3.15(a)和图 3.15(b)分别显示了三组红外图像和三组可见光图像。红外图像可以在黑暗中显示目标,但边缘细节模糊。相比之下,在明亮的环境中,可见光图像可以呈现清晰的边缘细节。对比 SR、NSCT、GFF 和 IFCNN,本节方法得到的结果是最清晰的边缘细节,如图 3.15(c)~图 3.15(g)所示。此外,本节方法生成的结果看起来很自然,如第三行融合图像中的云。

图 3.16(a)和图 3.16(b)分别显示了三组 MRI-T1 的医学图像和三组 MRI-T2 的医学图像。MRI-T1 包含解剖结构细节,而 MRI-T2 提供正常和病理状态下的内容。在图 3.16(d)~图 3.16(f)中,融合后的图像对比度较低。SR 提高了对比度,但失去了一些微弱的细节,如图 3.16(c)所示。本节方法得到的融合图像改善了边缘细节和对比度,如图 3.16(g)所示。

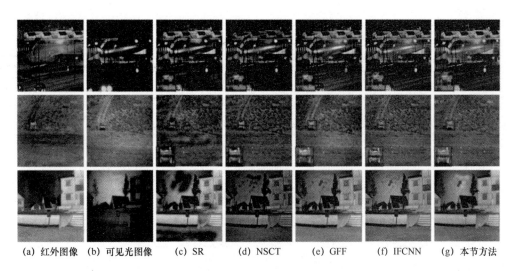

(a) 红外图像　(b) 可见光图像　(c) SR　(d) NSCT　(e) GFF　(f) IFCNN　(g) 本节方法

图 3.15　采用不同的红外和视觉图像融合方法的结果

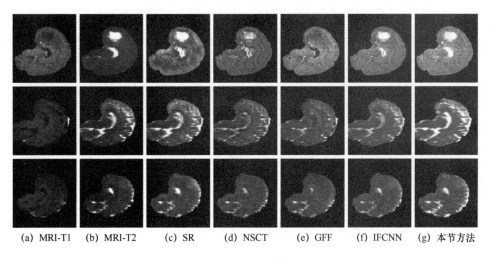

(a) MRI-T1　(b) MRI-T2　(c) SR　(d) NSCT　(e) GFF　(f) IFCNN　(g) 本节方法

图 3.16　医学图像融合的不同方法的结果

定量结果：表 3.7、表 3.8、表 3.9 给出了三种源图像的定量结果，本节方法在评价指标 AG、GLD、MSD、MI 和 EN 上实现了出色的性能。这表明本节方法融合的图像保留了感知上有意义的信息，并且包含更清晰的边缘细节和更强的对比度。此外，在表 3.7 中，观察到本节方法达到了 UIQI 和 SAM 的竞争值，这表明本节方法在光谱保真度方面也有更好的性能。

表 3.7　不同评价指标对多光谱核磁共振成像（MRIF-MS）和 RESE 数据的平均质量度量

评价指标	MRIF-MS					RESE				
	GFF	NSCT	SR	IFCNN	本节方法	GFF	NSCT	SR	IFCNN	本节方法
AG	8.127	8.203	9.360	13.91	**15.36**	19.62	19.62	19.65	18.82	**37.21**
GLD	14.72	14.81	16.98	24.58	**27.30**	36.42	36.42	36.47	34.75	**68.96**
MSD	0.1356	0.1483	0.1549	**0.1842**	0.1481	0.1226	0.1214	0.1224	0.1224	**0.1641**

(续表)

评价指标	MRIF-MS					RESE				
	GFF	NSCT	SR	IFCNN	本节方法	GFF	NSCT	SR	IFCNN	本节方法
MI	3.955	5.684	3.035	3.637	**7.660**	13.21	13.19	13.47	13.20	**13.85**
EN	6.763	7.053	**7.177**	7.143	6.635	6.605	6.596	6.736	6.598	**6.926**
UIQI	**0.8294**	0.8051	0.6975	0.8168	0.8082	0.6761	0.7143	0.6916	0.7084	**0.7214**
SAM	**0.2194**	0.2428	0.2663	0.2502	0.2309	0.3856	0.3250	0.3301	0.3801	**0.2450**

注：最好的结果以粗体显示。

表 3.8 不同评价指标对医学图像的核磁共振成像（MRIF-MI）和 MEDI 数据集的平均质量度量

评价指标	MRIF-MI					MEDI				
	GFF	NSCT	SR	IFCNN	本节方法	GFF	NSCT	SR	IFCNN	本节方法
AG	2.564	2.780	2.887	2.733	**4.131**	6.538	6.164	6.368	6.600	**7.345**
GLD	5.605	6.084	6.268	5.995	**9.255**	10.45	9.757	10.09	10.42	**11.81**
MSD	0.1980	0.1844	0.2020	0.2016	**0.2305**	0.1357	0.1425	0.1626	0.1557	**0.1962**
MI	**3.093**	2.576	2.717	2.792	2.838	6.595	6.543	6.388	5.828	**6.659**
EN	3.093	3.361	**3.371**	3.107	3.305	3.297	3.272	3.194	2.914	**3.330**

表 3.9 不同评价指标在 MRI 红外图像（MRIF-IV）和 INVI 数据集上的平均质量度量

评价指标	MRIF-IV					INVI				
	GFF	NSCT	SR	IFCNN	本节方法	GFF	NSCT	SR	IFCNN	本节方法
AG	7.040	7.530	7.900	7.956	**9.498**	6.826	7.233	7.616	**8.339**	8.182
GLD	11.91	12.69	13.48	13.40	**15.78**	11.94	12.61	13.63	**14.64**	14.01
MSD	0.1444	0.1202	**0.1770**	0.1317	0.1361	0.1522	0.1191	**0.1873**	0.1482	0.1501
MI	**3.338**	1.997	2.667	2.540	2.768	13.88	13.28	**14.56**	13.64	13.70
EN	6.925	6.652	**7.275**	6.733	6.737	6.941	6.642	**7.274**	6.821	6.847

讨论：进一步给出了源图像和融合图像的动态范围（DR）的平均值，其表达式为

$$DR = \log_2 \left(\frac{\text{Max}(I(1), I(2), \cdots, I(p))}{\text{Min}(I(1), I(2), \cdots, I(p))} \right) \quad (3.21)$$

式中，$I(p)$ 表示图像 I 中第 p 个像素的强度。如果融合后的图像与源图像的 DR 接近，则融合后的图像在视觉上与源图像一致。对于多模态医学图像数据集、多光谱图像数据集、红外和可见光图像数据集，输入图像的平均 DR 分别为 7.99/7.99、2.01/3.84 和 6.62/4.56。相应地，本节方法的融合图像的平均 DR 分别为 7.99、3.60 和 6.59，这证明本节方法的融合结果保留了源图像的高对比度信息，并保证了视觉一致性。

3.3.4.4 消融研究

（1）特定领域和通用领域特征表示的有效性。

在 3.3.2.2 节中，采用共享基线融合网络来实现多领域应用的通用性，采用特征关注策略和自适应子层生成来实现特定领域的敏感性。为了验证多领域融合（MRF）的有效

性，还设计了两种变体：特定领域融合（RSF）和无特定领域特征表示的多领域融合（MRF w/o RSFR）进行比较。具体来说，RSF 对每个领域使用基线融合网络，每个领域都有独立的网络参数。MRF w/o RSFR 由单一基线融合网络组成，因此共享所有参数。

尽管 RSF 提供了一种独立的网络参数策略来跨领域保留特定领域的特征，但它忽略了在不同领域中寻求通用特征和关系。相反地，MRF w/o RSFR 提供了一种共享所有参数的方法，以了解不同领域的共同特征和关系。然而，它的组装没有特定领域的参数，以进行特定领域的融合。因此，这两种变体最终会导致多领域融合性能受限。从表 3.10 中可以看出，MRF 获得了最好的结果，因为它同时考虑了特定领域和通用领域的特征表示。

表 3.10 对多光谱图像数据集中特定领域和通用领域特征表示的有效性验证

方　法	AG	GLD	MSD	MI	EN
RSF	14.72	26.11	0.1463	7.657	6.633
MRF w/o RSFR	15.05	26.68	0.1423	7.605	6.594
MRF	**15.36**	**27.30**	**0.1481**	**7.660**	**6.635**

（2）自适应子层生成策略和领域激活机制的有效性。

在 3.3.2.2 节中，实现了自适应子层生成策略，以有效地生成融合特定领域的高频子层和低频子层。此外，通过设计特定领域激活网络，实现领域激活机制，激活相应的特定领域特征表示块和子层生成块。本节通过以下配置验证了自适应子层生成策略和领域激活机制的有效性：采用基线融合网络进行多领域融合（BF）；在基线融合网络中加入自适应子层生成策略（BF+ASG）；进一步在 BF+ASG 上增加领域激活机制（BF+ASG+RAM）。

如表 3.11 所示，本节方法（BF+ASG+RAM）明显优于其他两种配置。这表明自适应子层生成策略和领域激活机制提高了特定领域的敏感性。

表 3.11 对多光谱图像数据集的自适应子层生成策略和领域激活机制的有效性验证

方　法	AG	GLD	MSD	MI	EN
BF	8.723	16.35	0.1445	7.582	6.425
BF+ASG	13.62	22.29	0.1374	7.611	6.602
BF+ASG+RAM	**15.36**	**27.30**	**0.1481**	**7.660**	**6.635**

在 3.3.3 节中，使用基于 MAE 的感知损失（MAE-Perceptual loss）代替 MSE 损失来防止生成的融合图像模糊[51-52]。这里，用 MSE 损失来训练模型如表 3.12 和图 3.17 所示。基于 MAE 的感知损失在边缘细节更清晰的情况下获得了更好的结果。

表 3.12 对基于图像的感知损失在红外和可见光图像数据集上的有效性验证

损　失	AG	GLD	MSD	MI	EN
MSE-Perceptual loss	8.361	14.42	**0.1457**	2.683	**6.824**
MAE-Perceptual loss	**9.498**	**15.78**	0.1361	**2.768**	6.602

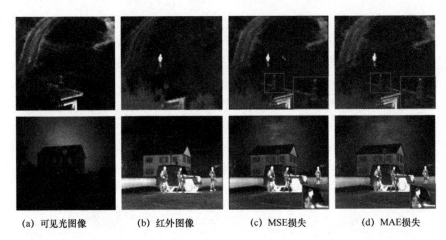

(a) 可见光图像　　(b) 红外图像　　(c) MSE损失　　(d) MAE损失

图 3.17　由分别用 MSE 损失和 MAE 损失进行监督训练的融合网络产生的视觉比较

3.4　小结

本章通过特征表示学习对多源图像融合任务存在的多源图像重要特征信息退化现象，以及单领域图像融合框架中性能受限问题提供了不同的解决方案。针对第一个问题，在 3.2 节提出了交互式特征嵌入的图像融合的学习框架。该方法通过自监督策略旨在捕获源图像的更多信息表示，联合源图像重建和融合。此外，融合网络和两个重建网络之间的阶段交互式特征嵌入学习机制旨在通过阶段式分层特征交互来嵌入重要信息，这本质上是通过利用来自不同任务的所有分层特征实现的。在 3.3 节提出了联合特定和通用特征表示的图像融合的学习框架。该方法利用分而治之的方式解决单领域内的自适应问题。然后，基于单领域融合模型，进一步扩展为多领域融合框架。其中，跨领域共享基础网络被设计用于通用特征表示，从而保证该网络对所有领域保持活跃。根据 3.2 节提供的研究思路，利用跨融合和重建任务交互实现多源图像的重要特征保留，读者可以扩展到其他视觉任务中解决重要特征信息丢失问题。根据 3.3 节提供的研究思路，读者可以将多领域图像融合的通用框架延展到其他视觉任务中。例如，在面对低光照、雨天及雾天的复杂天气条件下，设计一种基于图像增强的通用框架。

本章所提出的两种特征表示学习的多源图像融合方法，分别解决了多源图像融合过程中存在重要信息退化的问题，并降低了多领域图像融合中手动选择的成本。对于 3.2 节所提出的方法，不仅能够综合提取并融合红外图像的热辐射信息和可见光图像的结构信息，还可以保留红外图像中的其他重要信息（如纹理、边缘）和可见光图像中的其他重要信息（如强度、对比度、饱和度）。但是，由于图像融合的重点是生成保留源图像细节的新图像，如果源图像（如红外图像）包含噪声，则融合图像将包含噪声。对于 3.3 节中所提出的方法，虽然收集了一个新的图像融合数据集并设计出通用融合框架，但是现有的融合数据集受到多领域数据集和缺乏真实数据的限制。因此，本章提出的交互式特征嵌入融合方法适用于不存在噪声的源图像，联合特定和通用特征表示的方法适用于模型训练时用到的数据集。总体来说，本章方法解决了多源图像重要信息提取困难，多领域图像融合鲁棒性较差的问题，使得本章方法能够广泛应用到医学影像、军事和安防，以及自动驾驶等实际场景中。

参 考 文 献

[1] YIN H T. Tensor sparse representation for 3-D medical image fusion using weighted average rule[J]. IEEE Transactions on Biomedical Engineering, 2018, 65（11）: 2622-2633.

[2] LI S T, YIN H T, FANG L Y. Remote sensing image fusion via sparse representations over learned dictionaries[J]. IEEE Transactions on Geoscience and Remote Sensing, 2013, 51（9）: 4779-4789.

[3] WEI Q, BIOUCAS-DIAS J, DOBIGEON N, et al. Hyperspectral and multispectral image fusion based on a sparse representation[J]. IEEE Transactions on Geoscience and Remote Sensing, 2015, 53（7）: 3658-3668.

[4] ZHAO F, ZHAO W D, LU H C. Interactive feature embedding for infrared and visible image fusion[J]. IEEE Transactions on Neural Networks and Learning Systems, 2023.

[5] ZHAO F, ZHAO W D. Learning specific and general realm feature representations for image fusion[J]. IEEE Transactions on Multimedia, 2020, 23: 2745-2756.

[6] CHEN J, LI X, LUO L, et al. Infrared and visible image fusion based on target-enhanced multiscale transform decomposition[J]. Information Sciences, 2020, 508: 64-78.

[7] LI S, YANG B, HU J. Performance comparison of different multi-resolution transforms for image fusion[J]. Information Fusion, 2011, 12（2）: 74-84.

[8] JIN X, JIANG Q, YAO S W, et al. Infrared and visual image fusion method based on discrete cosine transform and local spatial frequency in discrete stationary wavelet transform domain[J]. Infrared Physics & Technology, 2018, 88: 1-12.

[9] LIU Y, LIU S P, WANG Z F. A general framework for image fusion based on multi-scale transform and sparse representation[J]. Information fusion, 2015, 24: 147-164.

[10] ZHOU Z Q, WANG B, LI S, et al. Perceptual fusion of infrared and visible images through a hybrid multi-scale decomposition with Gaussian and bilateral filters[J]. Information Fusion, 2016, 30: 15-26.

[11] YIN M Y, DUAN P H, LIU W, et al. A novel infrared and visible image fusion algorithm based on shift-invariant dual-tree complex shearlet transform and sparse representation[J]. Neurocomputing, 2017, 226(2): 182-191.

[12] LI H, WU X J. DenseFuse: A fusion approach to infrared and visible images[J]. IEEE Transactions on Image Processing, 2018, 28（5）: 2614-2623.

[13] ZHANG Y, LIU Y, SUN P, et al. IFCNN: A general image fusion framework based on convolutional neural network[J]. Information Fusion, 2020, 54: 99-118.

[14] XU H, MA J, JIANG J, et al. U2Fusion: a unified unsupervised image fusion network[J]. IEEE Transactions on Pattern Analysis and Machine Intelligence, 2020, 44（1）: 502-518.

[15] MA J Y, YU W, LIANG P W, et al. FusionGAN: a generative adversarial network for infrared and visible image fusion[J]. Information fusion, 2019, 48: 11-26.

[16] MA J, XU H, JIANG J, et al. DDcGAN: a dual-discriminator conditional generative adversarial network for multi-resolution image fusion[J]. IEEE Transactions on Image Processing, 2020, 29: 4980-4995.

[17] MA J Y, LIANG P W, YU W, et al. Infrared and visible image fusion via detail preserving adversarial learning[J]. Information Fusion, 2020, 54: 85-98.

[18] GAO Y, MA J Y, ZHAO M B, et al. Nddr-cnn: Layerwise feature fusing in multi-task CNNs by neural discriminative dimensionality reduction[C]//Proceedings of the IEEE/CVF conference on computer vision and pattern recognition. 2019: 3205-3214.

[19] LU B, CHEN J C, CHELLAPPA R. Unsupervised domain-specific deblurring via disentangled representations[C]//Proceedings of the IEEE/CVF Conference on Computer Vision and Pattern Recognition. 2019: 10225-10234.

[20] RAM P K, SAI S V, VENKATESH B R. DeepFuse: a deep unsupervised approach for exposure fusion with extreme exposure image pairs[C]//Proceedings of the IEEE international conference on computer vision. 2017: 4714-4722.

[21] MA K, LI H, YONG H, et al. Robust multi-exposure image fusion: a structural patch decomposition approach[J]. IEEE Transactions on Image Processing, 2017, 26（5）: 2519-2532.

[22] LI H, MA K, YONG H, et al. Fast multi-scale structural patch decomposition for multi-exposure image fusion[J]. IEEE Transactions on Image Processing, 2020, 29: 5805-5816.

[23] MA J, CHEN C, LI C, et al. Infrared and visible image fusion via gradient transfer and total variation minimization[J]. Information Fusion, 2016, 31: 100-109.

[24] KINGMA D P, BA J. Adam: A method for stochastic optimization[J]. arXiv preprint arXiv:1412.6980, 2014.

[25] ZHANG Q, LEVINE M D. Robust multi-focus image fusion using multi-task sparse representation and spatial context[J]. IEEE Transactions on Image Processing, 2016, 25（5）: 2045-2058.

[26] YIN M, LIU X M, LIU Y, et al. Medical image fusion with parameter-adaptive pulse coupled neural network in nonsubsampled shearlet transform domain[J]. IEEE Transactions on Instrumentation and Measurement, 2018, 68（1）: 49-64.

[27] HILL P, AL-MUALLA M E, BULL D. Perceptual image fusion using wavelets[J]. IEEE transactions on image processing, 2016, 26（3）: 1076-1088.

[28] ZHANG J, WEI L, MIAO Q, et al. Image fusion based on nonnegative matrix factorization[C]//2004 International Conference on Image Processing, 2004. ICIP'04. IEEE, 2004, 2: 973-976.

[29] LI X, WANG L, CHENG Q, et al. Cloud removal in remote sensing images using nonnegative matrix factorization and error correction[J]. ISPRS journal of photogrammetry and remote sensing, 2019, 148: 103-113.

[30] LI S, KANG X, HU J. Image fusion with guided filtering[J]. IEEE Transactions on Image processing, 2013, 22（7）: 2864-2875.

[31] LI S, KANG X. Fast multi-exposure image fusion with median filter and recursive filter[J]. IEEE Transactions on Consumer Electronics, 2012, 58（2）: 626-632.

[32] LIU Y, CHEN X, PENG H, et al. Multi-focus image fusion with a deep convolutional neural network[J]. Information Fusion, 2017, 36: 191-207.

[33] ZHAO W D, WANG D, LU H. Multi-focus image fusion with a natural enhancement via a joint multi-level deeply supervised convolutional neural network[J]. IEEE Transactions on Circuits and Systems for Video Technology, 2018, 29（4）: 1102-1115.

[34] LIANG X, HU P, ZHANG L, et al. MCFNet: Multi-layer concatenation fusion network for fedical images fusion[J]. IEEE Sensors Journal, 2019, 19（16）: 7107-7119.

[35] YANG J F, FU X Y, HU Y W, et al. PanNet: A deep network architecture for pan-sharpening[C]//Proceedings of the IEEE international conference on computer vision. 2017: 5449-5457.

[36] NEJATI M, SAMAVI S, SHIRANI S. Multi-focus image fusion using dictionary-based sparse representation[J]. Information Fusion, 2015, 25: 72-84.

[37] TOET A. The TNO multiband image data collection[J]. Data in brief, 2017, 15: 249-251.

[38] ZHAO W D, LU H, WANG D. Multisensor image fusion and enhancement in spectral total variation domain[J]. IEEE Transactions on Multimedia, 2017, 20（4）: 866-879.

[39] MAO X, LI Q. Unpaired multi-domain image generation via regularized conditional GANs[J]. arXiv preprint arXiv:1805.02456, 2018.

[40] PU Y C, DAI S Y, GAN Z, et al. Jointgan: multi-domain joint distribution learning with generative adversarial nets[C]//International Conference on Machine Learning. PMLR, 2018: 4151-4160.

[41] JOO D, KIM D, KIM J. Generating a fusion image: One's identity and another's shape[C]//Proceedings of the IEEE Conference on Computer Vision and Pattern Recognition. 2018: 1635-1643.

[42] TANG H, XU D, WANG W, et al. Dual generator generative adversarial networks for multi-domain image-to-image translation[C]//Asian Conference on Computer Vision. Cham: Springer International Publishing, 2018: 3-21.

[43] XU H, LIANG P, YU W, et al. Learning a generative model for fusing infrared and visible images via conditional generative adversarial network with dual discriminators[C]//IJCAI. 2019: 3954-3960.

[44] ISOLA P, ZHU J Y, ZHOU T H, et al. Image-to-image translation with conditional adversarial networks[C]//Proceedings of the IEEE conference on computer vision and pattern recognition. 2017: 1125-1134.

[45] CUI Y, SONG Y, SUN C, et al. Large scale fine-grained categorization and domain-specific transfer learning[C]//Proceedings of the IEEE conference on computer vision and pattern recognition. 2018: 4109-4118.

[46] WANG J, ZHENG V W, CHEN Y, et al. Deep transfer learning for cross-domain activity recognition[C]//Proceedings of the 3rd International Conference on Crowd Science and Engineering. 2018: 1-8.

[47] XIA Z, WANG L, QU W, et al. Neural network based deep transfer learning for cross-domain dependency parsing[C]//Artificial Intelligence and Security: 6th International Conference, ICAIS 2020, Hohhot, China, July 17–20, 2020, Proceedings, Part Ⅲ 6. Springer Singapore, 2020: 549-558.

[48] HU J, SHEN L, SUN G. Squeeze-and-excitation networks[C]//Proceedings of the IEEE conference on computer vision and pattern recognition. 2018: 7132-7141.

[49] NAVA R, CRISTOBAL G, Escalante-ramrez b. mutual information improves image fusion quality assessments[J]. SPIE News Room, 2007, 34: 94-109.

[50] LIU X Y, LIU Q J, WANG Y H. Remote sensing image fusion based on two-stream fusion network[J]. Information Fusion, 2020, 55: 1-15.

[51] CHENG Z Q, LI J X, DAI Q, et al. Learning spatial awareness to improve crowd counting[C]//Proceedings of the IEEE/CVF international conference on computer vision. 2019: 6152-6161.

[52] CHEN C, DOU Q, JIN Y, et al. Robust multimodal brain tumor segmentation via feature disentanglement and gated fusion[C]//Medical Image Computing and Computer Assisted Intervention–MICCAI 2019: 22nd International Conference, Shenzhen, China, October 13–17, 2019, Proceedings, Part III 22. Springer International Publishing, 2019: 447-456.

[53] TANG W, HE F, LIU Y. YDTR: Infrared and visible image fusion via y-shape dynamic transformer[J]. IEEE Transactions on Multimedia, 2023, 25: 5413-5428.

[54] MA J, TANG L, FAN F, et al. SwinFusion: cross-domain long-range learning for general image fusion via swin transformer[J]. IEEE/CAA Journal of Automatica Sinica, 2022, 9(7): 1200-1217.

第4章 多域特征对齐的多源图像融合

4.1 引言

在第3章中，讨论了基于特征表示学习的多源图像融合，受益于神经网络的强大特征提取能力，可以有效地对红外和可见光图像进行特征提取，并将红外传感器捕获的热辐射信息与可见光传感器捕获的纹理信息合并，以获得具有更重要信息和更好可见光感知的融合图像。本章重点讨论图像融合任务中的域差异问题。一方面，因为红外和可见光图像是由成像机制不同的传感器获得的，待融合的图像特征间存在着较大的域差异。具体来说，可见光图像主要表示具有详细内容纹理的反射光信息，而红外图像则表示具有高对比度像素强度的热辐射信息，因此在红外和可见光图像中，相同的物体之间的重要信息差异很大，这种领域的差异给图像融合带来了巨大的挑战。另一方面，现在越来越多的融合方法不再仅仅满足于获得一幅高视觉质量的图像，更希望融合的图像也能够有利于后续的高级任务。例如，目标检测或分割，这便引起了另一个域差异的问题：后续高级任务（如目标检测）是一个区域级别的任务，而图像融合任务是一个像素级别的任务，这种差异会导致目标检测特征与图像融合特征不能很好地匹配，使得两个任务并不能很好地兼容。

在本章中通过探索多域特征对齐来缓解域差异所带来的影响。在 4.2 节中，本章提出了一种自监督策略来实现特征自适应[1]，缓解了多源图像特征域差异引起的重要特征的损失。具体来说，编码器首先从红外和可见光图像中提取特征，然后利用两个带有注意力机制块的解码器，以自监督的方式重构源图像，迫使自适应的特征包含源图像的重要信息。在 4.3 节中，本章探索了利用元特征嵌入来消除目标检测特征与图像融合特征不匹配的问题，提出了一种通过目标检测的元特征嵌入的红外和可见光图像融合方法[2]。其核心思想是设计元特征嵌入模型，通过模拟元学习进行优化，根据融合网络的能力生成对象语义特征，从而使语义特征与融合特征自然兼容。在 4.4 节中将对上述算法进行总结，给出算法的核心思想及启示，并说明提出算法的实际应用场景。

4.2 自监督特征自适应的图像融合

4.2.1 方法背景

正如 4.1 节中提到，由于深度学习的特征提取能力，红外和可见光图像融合取得了很大的进展。然而，因为红外和可见光图像是由成像机制不同的传感器获得的，待融合的图像间存在域差异，阻碍了红外和可见光图像间的有效融合。可见光图像主要表示具有详细内容纹理的反射光信息，而红外图像则表示具有高对比度像素强度的热辐射信息。如图 4.1（a）和图 4.1（b）所示，矩形框中的路标（如箭头符号）在红外图像中显示为像素亮度，而在可见光图像中显示为纹理信息。这种域差异给红外和可见光图像融合带来了巨大的挑战。

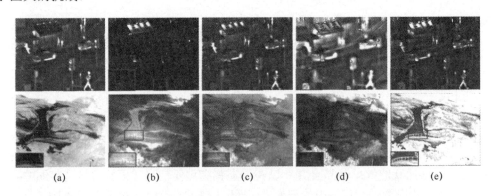

图 4.1 红外和可见光图像的域差异

为了缓解域差异问题，人们提出了许多基于深度学习的红外和可见光图像融合方法[3-13]。这些融合方法主要可分为以下两类：第一类实现了同一种卷积算子对域差异源图像的特征自适应。例如，ZHONG R 等人[8]提出了 DenseFuse 架构来融合红外和可见光图像，其中使用编码网络进行特征提取和自适应，然后使用解码网络获得融合结果。然而，由于红外和可见光图像的域差异，相同的卷积算子没有专门设计的特征提取，很容易丢失重要特征。如图 4.1（c）所示，融合结果中丢失了重要特征（如箭头符号的纹理、栏杆的结构信息等）。第二类研究了生成对抗网络（GAN）。例如，MA J 等人[3]提出了一种双鉴别器条件生成对抗网络（DDcGAN），该双鉴别器的目标是融合红外和可见光图像中最大数量的信息。然而，基于 GAN 的模型难以优化，最终影响了融合性能。如图 4.1（d）所示，融合结果趋于模糊，且一些重要特征（如人的边缘和栏杆的结构信息）丢失。

为了缓解上述问题，本节提出了一种自监督策略来实现特征自适应，同时避免了重要特征的丢失。具体来说，编码器首先从红外和可见光图像中提取特征；然后，利用两个带有注意力机制块的解码器，以自监督的方式重构源图像，迫使自适应特征包含源图像的重要信息；最后，基于自监督框架获得的适应特征，引入红外和可见光图像融合增强模型。本节的主要内容如下。

（1）本节通过将特征自适应思想整合到红外和可见光图像融合中，提出了一种新的自监督特征自适应框架，并提出了一种基于特征自适应的自监督策略，同时通过重构源图像，避免了重要特征的丢失。

（2）在自适应提取特征的前提下，针对源图像包含低质量信息的情况，设计了一种新的红外和可见光图像融合增强方法。

（3）对所提出的方法进行了定性和定量的评价。与现有的基于 CNN 和手工制作的特征方法相比，本节提出的方法达到了最先进的性能。

4.2.2 自监督特征自适应的图像融合网络模型

4.2.2.1 自监督特征自适应图像融合网络

正如前面提到，现有缓解域差异问题的融合方法大致分为两类：（1）使用相同的卷积算子进行特征自适应;(2)使用生成对抗网络(GAN)进行特征自适应。在本节中,介绍两种具有代表性的红外和可见光图像融合方法,分别基于相同的卷积算子策略和 GAN 融合框架分析它们的局限性,对比后提出新的方法。

(1)DenseFuse[8]是一种有效的红外和可见光图像融合方法,它首先采用一系列卷积层来提取特征,并实现特征自适应。然后利用 L1-Norm 和 softmax 操作融合深度特征,重构网络得到融合图像,如图 4.2(a)所示。

(2)DDcGAN[3]是基于 GAN 的红外和可见光图像融合方法,生成器用于特征适应而生成融合图像,双鉴别器旨在对抗的过程中增强融合图像中来自红外图像的热辐射信息和来自可见光图像的纹理信息。DDcGAN 的结构如图 4.2(b)所示。

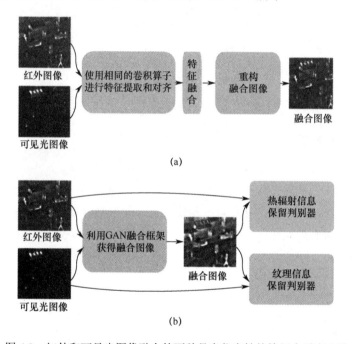

图 4.2　红外和可见光图像融合的两种具有代表性的特征自适应方法

DenseFuse 可以保留红外图像的主要热辐射信息和可见光图像的纹理信息,然而它采用相同的卷积算子来实现特征自适应,这很容易导致细节信息的丢失,最终导致有限的融合性能。如图 4.1(c)所示,详细信息丢失了(如矩形框中的路标和栏杆的结构细节)。如图 4.1(d)所示,DDcGAN 生成的融合图像存在透视失真,原因是基于 GAN 的方法难以优化,并最终影响具有非自然外观的融合图像。

根据整合特征自适应以提高红外和可见光图像融合性能的思想,本节提出了一种新的红外和可见光图像融合的自监督特征自适应框架。提出的框架方案如图 4.3 所示,其中包括自监督特征自适应网络(SFANet),以及红外和可见光图像融合增强网络(IVFENet)。

在自监督特征自适应网络中,提出了自监督策略进行特征提取和自适应,避免了关键特征的丢失。具体来说,本节的目标是采用特征自适应策略来缓解红外和可见光图像特征间域差异的问题。基于自监督特征自适应框架,提出了一个改进的编码器-解码器网络,特征空间的一致性是由编码器特征提取和两个解码器注意力机制块重构源图像自监督的方式，避免传统的重要信息丢失的编码器特征提取。最后，将这些具有自适应能力的重要特征输入融合和增强网络中。在4.2.3节中，将分别介绍自监督特征自适应网络和具有增强网络的红外和可见光图像融合的增强网络。

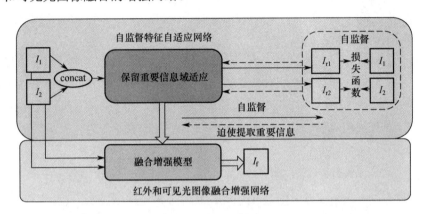

图 4.3　提出的框架方案

4.2.2.2　网络结构细节

如图 4.4 所示，自监督特征自适应网络由三个块构成：编码器块、注意力机制块和解码器块。具体来说，编码器由五个块组成，其中每个块由三个卷积层组成，然后是一个池化层。更具体地说，从第一块到第五块的卷积层的滤波器数分别设置为 64、128、256、512 和 512。卷积层的所有内核大小都被设置为 3×3。注意力机制块由挤压和激励（SE）模型的两个相同结构的分支组成，具体来说，SE 模型包括一个有 32 个滤波器的完全卷积层、一个 ReLu 层、一个有 512 个滤波器的完全卷积层和一个 Sigmoid 层。解码器块是由具有相同结构的解码器网络的两个分支组成的。每个解码器网络包含五个块，其中每个块包含三个反褶积层，然后是一个上采样层。从第一块到第五块的反褶积层的滤波器数分别设置为 512、512、256、128 和 64。卷积层的所有内核大小都被设置为 3×3。

注意力机制块由挤压和激励（SE）模型的两个分支组成，目的是先从混合特征中选择红外和可见光图像的领域特定特征表示，然后利用特定领域的特征表示方法，通过解码器网络对源图像进行重构。理论上，SE 模型允许网络模型对特征进行校准，从而使网络能够有选择地扩大有价值的特征通道，并从全局信息中抑制无用的特征通道。在自监督特征自适应网络中，先使用两个 SE 模型分别从编码器块中选择红外和可见光图像的特征表示，然后用于重构红外和可见光图像。因此，注意力机制阻断可以增强特征表达能力。本质上，SE 模型为红外和可见光图像域生成了一组域激活向量 $V_{I/V}$。通过使用相应的域激活向量激活混合特征，可以生成域特定特征：

$$F_{I/V} = F_h \times V_{I/V} \tag{4.1}$$

式中，$V_{I/V}$ 表示红外和可见光图像的域激活向量；F_h 表示编码器网络生成的混合特征；$F_{I/V}$ 表示红外图像（F_I）或可见光图像（F_V）的域特定特征。

第 4 章 多域特征对齐的多源图像融合

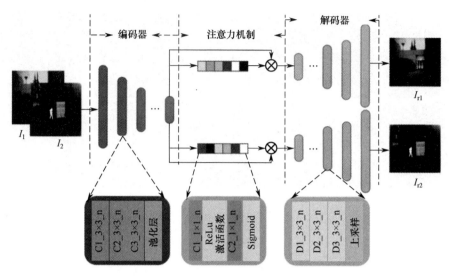

图 4.4 自监督特征自适应网络的详细结构

解码器块侧重于以自我监督的方式将源图像作为真值,从域激活表示中重构源图像,这可以强制编码器块在特征自适应过程中保留重要特征。具体来说,在源图像重构过程中,网络的输入是具有连续操作的红外和可见光图像的组合,并将源图像视为真值。该网络是基于编解码器框架的。首先,设计一个常见的编码器块,用于提取丰富的特征,在消除噪声等其他不必要特征的同时,通过编码操作基本上实现了重要的信息学习。然后,设计注意力机制块,从编码器网络生成的混合特征中选择红外和可见光图像的领域特定特征表示。最后,采用两个对应于重构红外和可见光图像的解码器块,以自我监督的方式对域激活表示进行解码,从而强制编码器块保留重要特征。

一般来说,大多数融合框架都是在实现关键特征提取的前提下工作良好的。然而,在实际应用中,源图像的质量总是较低的。如图 4.5(b)所示,由于长距离拍摄,物体的边缘细节(如矩形框中的汽车)在可见光图像中出现了模糊性。因此,融合结果存在结构歧义[见图 4.5(c)]。为了进一步提高这些情况下的融合性能,本节提出了一个基于边缘细节和基于对比度的损失函数的增强网络。

IVFENet 模型如图 4.6 所示,其中包括编码器、注意力机制和融合增强模型。利用编码器和注意力机制提取包含源图像重要信息的自适应特征,然后建立融合增强模型,生成最终的融合结果。具体来说,通过图 4.4 中的自监督特征自适应网络对编码器和注意力机制进行预训练,以获得具有自适应的重要特征。然后,本节设计了融合增强模型来生成最终的结果。融合增强模型由一系列 3×3 核,以及 512、512、512、512、512、512、512、256、256、256、256、128、128、64 和 64 个通道组成,每个通道都有一个上采样层。最后,进一步采用了一组卷积层,以配合边缘细节和基于对比度的损失来增强融合结果。

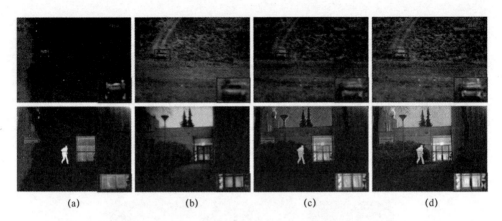

图 4.5 融合模型与融合增强模型在两对低质量代表性图像上的融合结果比较

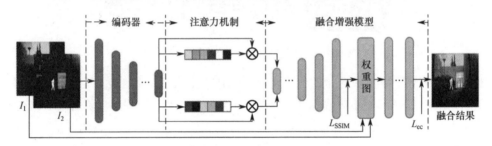

图 4.6 IVFENet 模型

4.2.3 模型训练

4.2.3.1 自监督特征自适应网络训练

为了训练自监督特征自适应网络，通过将源图像视为真值来重构源图像。使用标准均方误差（MSE）作为损失函数：

$$L' = L_1 + L_2 = \text{MSE}(I_1, I_{r1}) + \text{MSE}(I_2, I_{r2}) \tag{4.2}$$

式中，I_1 和 I_2 分别表示红外图像和可见光图像；L_1、L_2 分别表示 I_1、I_2 的 MSE 损失；I_{r1} 和 I_{r2} 分别表示 I_1 和 I_2 的重构结果。

4.2.3.2 红外和可见光图像融合增强网络训练

对于红外和可见光图像融合模型，缺乏真实的注释给训练过程带来了挑战。在这里，本节的目标是设计一个无参考的质量测量度量，以实现无监督的融合框架。具体来说，本节首先设计了一个基于结构相似性指数度量（SSIM）[14-16]的损失函数，称为 L_{SSIM}，然后设计了一个基于边缘细节和对比度的可见感知损失，称为 L_{ec}，以迫使融合结果进一步融合源图像的重要信息。输入图像 $I_n (n=1,2)$ 由 SSIM 框架中的对比度 C、结构 S 和亮度 L 的组成部分表示：

$$I_n = C_n \times S_n + L_n \tag{4.3}$$

式中，对比度 C_n 和结构 S_n 分别表示为

$$C_n = \|I_n - \mu_{I_n}\|, \quad S_n = \frac{I_n - \mu_{I_n}}{\|I_n - \mu_{I_n}\|} \tag{4.4}$$

式中，μ_{I_n} 为 I_n 的平均值。对于预期的结果 $I' = C' \times S'$，它应该具有较高的对比度及源图像的主要结构。因此，相应的对比度 C' 和结构 S' 可以表示为

$$C' = \max C_n (n=1, 2), \quad S' = \frac{\sum_{n=1}^{2} S_n}{\left\|\sum_{n=1}^{2} S_n\right\|} \tag{4.5}$$

最后，融合结果 I_f 与预期结果 I' 之间的 SSIM 可以通过以下函数计算出来：

$$\text{SSIM} = \frac{2\sigma_{I'I_f} + C}{\sigma_{I'}^2 + \sigma_{I_f}^2 + C} \tag{4.6}$$

式中，$\sigma_{I'}^2$ 和 $\sigma_{I_f}^2$ 分别为 I' 和 I_f 的方差；$\sigma_{I'I_f}$ 为 I' 和 I_f 的协方差。因此，红外和可见光图像融合的损失函数为

$$L_{\text{SSIM}} = 1 - \text{SSIM} \tag{4.7}$$

本节进一步设计了一种基于边缘细节和对比度的可见感知损失，以提高融合性能，特别是对于低质量的源图像：

$$L_{\text{ec}} = \text{MSE}[\alpha C_f(I_f) + \beta E_f(I_f)] \tag{4.8}$$

式中，C_f 和 E_f 分别为基于对比度和基于边缘的测量；α 和 β 为权重。C_f 和 E_f 的测量值如下：

$$C_f = \sum_{p=1}^{P} G(I_f(p)), \quad E_f = \sum_{p=1}^{P} |I_f(p) - G(I_f(p))| \tag{4.9}$$

式中，P 为总像素数；p 表示像素的位置；$G(I_f(p))$ 为图像 $I_f(p)$ 的对比度信息，由高斯滤波 $G(\ )$ 计算得到。

然后，IVFENet 的最终损失函数为

$$L = L_{\text{SSIM}} + L_{\text{ec}} \tag{4.10}$$

式中，L_{SSIM} 表示基于结构相似度指数度量的损失函数；L_{ec} 表示基于边缘细节和对比度的可见感知损失。

4.2.4 实验

4.2.4.1 实验设置

基准数据集：本节从 TNO 数据库中收集了 110 组红外和可见光图像来训练本节方法。为了增强训练数据集，将源图像裁剪到一系列大小为 120×120 的子图像中，步幅设置为 16。为了验证所提出的融合模型的有效性，本节在 INFV-20 数据集和 INFV-41 数据集上进行了实验，这两个数据集广泛应用于红外和可见光图像融合的研究。值得注意的是，对于红外图像中的信息融合，本节更加关注红外图像中所包含的目标信息。因此，本节的建议并不局限于某些类型的红外图像。此外，本节工作中的训练和测试数据集包含近红外、长波红

外和热红外图像。

实施细节：本节的网络是在 GTX 1080Ti GPU 上实现的。在训练过程中，随机初始化参数。采用以下参数对网络进行优化，包括 Adam[53]优化器的选择，学习率为 $1×10^{-4}$，批量大小为 1，动量值为 0.9，权重衰减率为 $5×10^{-3}$，Adam 优化器的衰减率为 0.9。将边缘细节和基于对比度的损失函数中的权重值设置为 α=2.5，β=1.2。对于式（4.9）中的高斯滤波，方差设置为 2，窗口大小为 3×3。SDFNet 和 IVFENet 的训练时间图如图 4.7 所示。随着迭代次数的增加，SDFNet 和 IVFENet 的损失逐渐减少。如图 4.7 中虚线所示，最终 SDFNet 和 IVFENet 的损失分别收敛到 0.0031 和 0.24 左右。

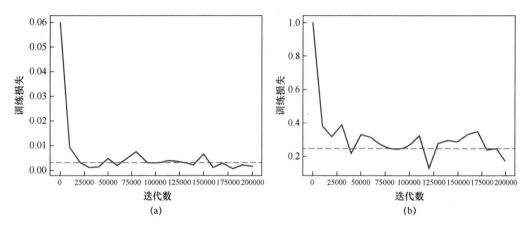

图 4.7　SDFNet 和 IVFENet 的训练时间图

4.2.4.2　客观融合指标

客观融合指标可以定量地反映融合性能，这与主观评价是一致的。考虑到红外和可见光图像融合中没有标准参考图像，采用了一系列基于信息熵、互信息、平均梯度、空间频率和视觉信息保真度的客观融合指标对融合结果进行了综合评价。具体来说，采用 7 个融合指标：信息熵（EN）、平均梯度（AG）、灰度差（GLD）[18]、互信息（MI）[19]、空间频率（SF）[20]、视觉信息保真度（VIFF）[21]和均方差（MSD）来定量评价融合性能。均方差（MSD）是一种基于统计分布的客观评价指标，它反映了融合图像的对比度。MSD 越大，图像的灰度分布越分散，这意味着信息越多，融合图像的对比度效果越好。

$$\mathrm{MSD} = \sqrt{\frac{1}{(M-1)(N-1)}\sum_{i=1}^{M-1}\sum_{j=1}^{N-1}[I_f(i,j)-\overline{I}_f]^2} \quad (4.11)$$

式中，$\overline{I}_f$ 代表 I_f 的均值。

4.2.4.3　与先进方法的比较

本节将提出的方法与许多有代表性的融合方法进行了定性和定量的比较，包括梯度转移融合（GTF[22]）、引导滤波融合（GFF[23]）、多尺度变换和稀疏表示（MST-SR[24]）、多尺度结构图像分解（MSID[25]）、DenseFuse[8]、IFCNN[5]、FusionGAN[6]、U2Fusion[26]、D2WGAN[27]、MgAN-Fuses[28]和 AttentionFGAN[29]。具体来说，GTF、GFF、MST-SR 和

MSID 是基于手工特征的代表性融合方法。DenseFuse、IFCNN 和 U2Fusion 是基于深度学习的融合方法，它们基于相同的卷积算子实现多传感器图像的特征自适应。其中，D2WGAN、MgAN-Fuses 和 AttentionFGAN 是基于双重鉴别器和注意力机制的方法。FusionGAN 是一种基于生成对抗性网络（GAN）框架的具有代表性的融合方法，其中生成器在鉴别器的帮助下实现特征自适应。这些方法的代码是公开的。为了确保比较的公平性，本节选择了相应文章中推荐的那些方法的参数，所有结果都是通过使用它们的代码获得的，这些代码已经调整到了最佳性能。

4.2.4.4 定量比较

本节对包含 20 对图像的 INFV-20 数据集和包含 41 对图像的 INFV-41 数据集的融合性能进行了定量比较。采用 AG、EN、MI、GLD、SF、VIFF 和 MSD 7 个融合指标对融合结果进行综合评价。表 4.1 显示了 INFV-20 数据集上不同方法的平均质量指标。本节方法在 AG、EN、MI、GLD、SF、VIFF 上实现了最佳性能，在 MSD 上实现了次级性能。本节在表 4.2 中进一步提供了 INFV-41 数据集上不同方法的平均质量指标。本节方法在 AG、EN、MI、GLD 和 SF 上实现了最佳性能，在 VIFF 和 MSD 上实现了次级性能。图 4.8 进一步直观地提供了不同方法的定量评价结果。值得注意的是，与最先进的方法相比，本节方法在平均梯度、信息熵、互信息、空间频率和视觉信息保真度方面可以全面获得更好的融合性能。

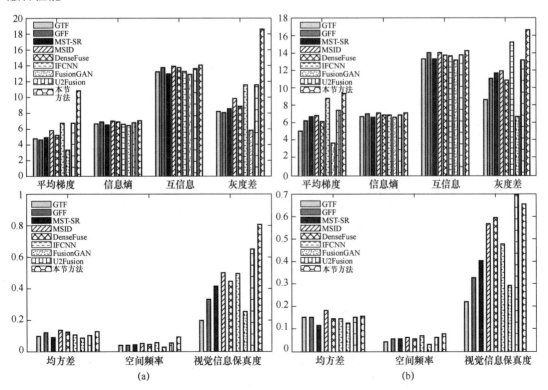

图 4.8　不同方法在两个公共数据集上的融合结果的客观比较

表 4.1　INFV-20 数据集上不同方法的平均质量指标

指标	GTF	GFF	MST-SR	MSID	DenseFuse	IFCNN	U2Fusion	FusionGAN	本节方法
AG	4.772	4.669	4.941	5.744	5.161	6.734	6.699	3.293	10.87
EN	6.611	6.893	6.470	6.946	6.899	6.638	6.783	6.449	7.039
MI	13.22	13.79	12.84	13.90	13.80	13.28	13.57	12.90	14.09
GLD	8.177	8.046	8.478	9.842	8.876	11.56	11.54	5.759	18.57
SF	0.0398	0.0392	0.0409	0.0489	0.0431	0.0526	0.0505	0.0266	0.0909
VIFF	0.1931	0.3278	0.4125	0.0570	0.4441	0.4924	0.6496	0.2504	0.8055
MSD	0.0965	0.1189	0.0848	0.1335	0.1231	0.1034	0.1019	0.0860	0.1256

表 4.2　INFV-41 数据集上不同方法的平均质量指标

指标	GTF	GFF	MST-SR	MSID	DenseFuse	IFCNN	U2Fusion	FusionGAN	本节方法
AG	4.888	6.281	6.669	6.857	6.161	8.752	7.458	3.662	9.408
EN	6.669	6.985	6.647	7.059	6.872	6.847	6.920	6.588	7.128
MI	13.34	13.97	13.30	14.122	13.75	13.96	13.84	13.18	14.26
GLD	8.562	11.05	11.71	11.96	10.85	15.28	13.17	6.638	16.59
SF	0.0415	0.0531	0.0558	0.0597	0.0497	0.0678	0.0597	0.0294	0.0777
VIFF	0.2205	0.3174	0.4019	0.5710	0.5988	0.4774	0.6955	0.2923	0.6554
MSD	0.1518	0.1508	0.1169	0.1814	0.1448	0.1440	0.1495	0.1248	0.1574

4.2.4.5　定性比较

本节首先将本节方法与其他四种基于深度学习的红外和可见光图像融合方法进行了定性比较。在这里，提供了方法的两种变体的定性结果，即基于 L_{SSIM} 和 L'_{SSIM} 的方法。具体来说，IFCNN、DenseFuse 和 U2Fusion 是基于相同卷积算子实现红外和可见光图像特征自适应的代表性方法，而 FusionGAN 通过对抗性过程实现特征自适应。

图 4.9 显示了本节方法和其他四种融合方法在两个具有代表性的图像对上的融合结果。在视觉上，所有这些方法都可以在一定程度上融合红外图像的热辐射信息和可见光图像的纹理信息。从热辐射信息融合的角度来看，本节方法可以更大程度地保留红外图像的热辐射信息，而 DenseFuse 和 FusionGAN 会导致不同程度的热辐射信息丢失。以图 4.9（a1）～图 4.9（a8）中的物体（如人）为例，尽管 DenseFuse 和 FusionGAN 可以很好地保留热辐射信息，但在融合结果中，物体（如人的腿）存在不同程度的模糊。

从纹理信息融合的角度来看，所有方法都可以保留源图像的主要结构特征。如图 4.9（a3）～图 4.9（a5）和图 4.9（b3）～图 4.9（b5）所示，尽管 DenseFuse、IFCNN 和 U2Fusion 可以融合源图像中的纹理信息，但在结构细节（如分支）和重要信息丢失（如直升机起落架）方面存在模糊性。这可以解释为，这四个框架采用相同的卷积算子单独进行特征提取和自适应，很难保留红外图像的热辐射信息和具有域差异的可见光图像的纹理信息。如图 4.9（a6）和图 4.9（b6）所示，FusionGAN 生成的融合结果中出现了透视失真，这可以解释为基于 GAN 的框架难以优化。相比之下，本节方法可以很好地融合红外图像中的重要信息(如热辐射信息)和可见光图像中的重要信息(如纹理信息)。它展示了自监督特征自适应在红外和可见光图像融合中的有效性。

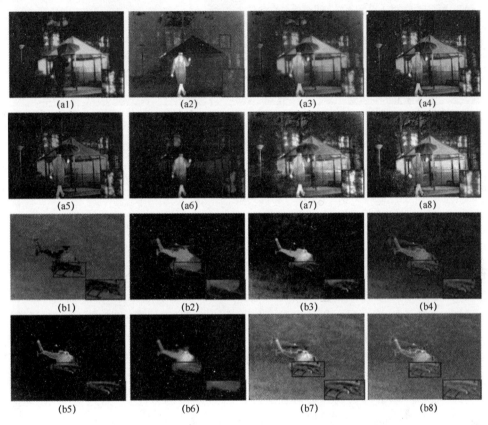

图 4.9　基于深度学习的融合方法在代表性图像对上的比较

本节进一步对本节方法与其他四种融合方法在红外和可见光图像序列上进行了定性比较,包括由 41 对红外和可见光图像组成的 Nato 序列和由 15 对图像组成的 Duine 序列。如图 4.10 中的矩形框所示,尽管其他四种融合方法可以融合主要的热辐射信息,但物体的强度损失程度各不相同。相比之下,本节方法可以更好地保留红外图像的热辐射信息。此外,本节方法的结果在视觉上与源图像更加一致。

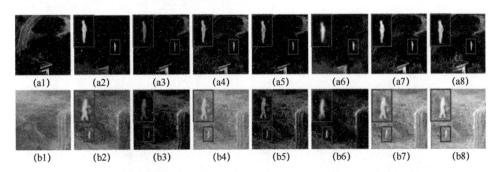

图 4.10　基于深度学习的融合方法在红外和可见光图像序列上的定性比较

本节进一步将本节方法与基于双鉴别器和注意力机制的融合方法进行了比较，如D2WGAN、MgAN-Fuses 和 AttentionFGAN。视觉对比如图 4.11（a3）和图 4.11（b3）所示，D2WGAN 可以保留源图像的一部分重要信息。

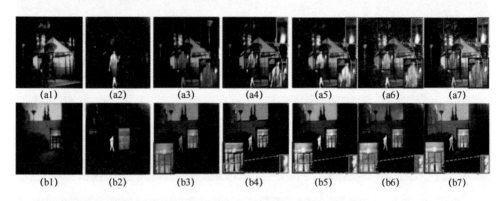

图 4.11 基于双鉴别器和注意力机制的融合方法在两个具有代表性的图像对上的比较

然而，红外图像的判别区域（如第一行下侧矩形框中的人）的热辐射信息丢失。为了进一步融合源图像的判别区域，MgAN-Fuses 和 AttentionFGAN 通过采用注意力机制改进了基于双鉴别器的方法。如图 4.11（a4）和图 4.11（a5）所示，与图 4.11（a3）相比，红外图像的前景目标（如人）和可见光图像的上下文信息（如路灯）得到了更好的保留。如图 4.11（a4）和图 4.11（a5）中右上角，以及图 4.11（b4）和图 4.11（b5）中右下角所示，它们仍然会遇到纹理信息模糊和丢失的情况。相比之下，本节方法的融合结果可以更好地保留红外图像中的热辐射信息和可见光图像中的纹理信息。

此外，本节将本节方法与传统方法和基于深度学习的方法进行定性比较，包括四种传统方法（如 GTF、GFF、MST-SR 和 MSID）和四种基于深度学习的方法（如 DenseFuse、U2Fusion、IFCNN 和 FusionGAN）。图 4.12 展示了原始红外图像、原始可见光图像和 GTF、GFF、MST-SR、MSID、DenseFuse、U2Fusion、IFCNN、FusionGAN 以及本节方法的融合结果。通常，与 GTF、GFF 和 MST-SR 相比，CNN 框架生成的融合图像可以融合源图像中更多的重要信息，这得益于深度学习强大的特征提取能力。具体而言，GTF、GFF 和 MST-SR 很难保留图中的热辐射信息（如人）。如图 4.12（a3）～图 4.12（a5）所示，MSID 极大地保留了源图像的主要结构特征。与图 4.9 类似，DenseFuse、U2Fusion、IFCNN 和 FusionGAN 与其他方法相比，除了本节方法，融合结果伴随着结构信息的一定程度的模糊性，透视失真如图 4.12（a10）和图 4.12（b10）所示。从视觉上来看，本节方法的融合结果在保留热辐射信息和纹理信息方面明显优于其他方法的融合结果。

本节方法的良好融合性能可归因于：（1）在红外和可见光图像融合中，采用了一种新的自监督特征自适应网络，可以有效地同时实现特征自适应和重要特征提取。（2）融合增强网络旨在有效融合重要特征，同时增强源图像的重要信息，从而提高融合性能。

时间消耗：为了分析计算复杂性，提供了本节方法和其他四种融合方法的时间消耗。在 INFV-20、INFV-41、Nato 序列、Tree 序列和 Duine 序列 5 个数据集上融合一对图像的平均时间消耗,如表 4.3 所示。本节方法的时间消耗比 IFCNN 和 FusionGAN 的时间消耗多,但比 DenseFuse 和 U2Fusion 的时间消耗少。

图 4.12 不同融合方法在两个具有代表性的图像对上的比较

表 4.3 5 个数据集上不同方法的平均质量指标

方法	INFV-20	INFV-41	Nato	Tree	Duine
DenseFuse	0.1965	0.1661	0.1736	0.1826	0.1950
IFCNN	0.0713	0.0337	0.0447	0.0690	0.0700

（续表）

方　　法	INFV-20	INFV-41	Nato	Tree	Duine
U2Fusion	0.3666	0.2556	0.2726	0.2974	0.3040
FusionGAN	0.0769	0.04-9	0.0631	0.0659	0.0739
本节方法	0.1483	0.0940	0.1069	0.1308	0.1491

4.2.4.6 消融实验

自监督特征自适应的有效性：为了验证自监督特征自适应策略在红外和可见光图像融合中的有效性，设计了一个名为 IVF w/o SFA（无自监督特征适应）的变体，并评估了融合性能。IVF w/o SFA 框架先直接采用图 4.6 中的编码器结构进行特征提取，然后使用融合模型重构源图像。尽管相同的卷积算子可以实现特征自适应，但没有 SFANet 用于以自监督的方式重构源图像，这导致重要特征同时丢失。如图 4.13（c）所示，IVF w/o SFA 未能完全保留热辐射信息，融合结果伴随着一定程度的结构信息模糊。本节在 INFV-20 数据集和 INFV-41 数据集上进一步对无 SFA 的 IVF 进行了定量评估。如表 4.4 和表 4.5 所示，无 SFA 的 IVF 的 AG、EN、MSD、MI、GLD、SF 和 VIFF 的平均值显著低于使用自监督特征自适应的方法。IVF w/o SFA 的定性和定量评估揭示了自监督特征自适应在提高融合性能方面的必要性。

表 4.4　自监督特征自适应策略和融合增强策略在 INFV-20 数据集上的有效性验证

策　略	AG	EN	MSD	MI	GLD	SF	VIFF
IVF w/o SFA	3.361	6.123	0.0683	12.25	5.763	0.0268	0.2673
IVF w/o FE	6.268	6.856	0.1042	13.71	10.76	0.0529	0.5673
IVF	10.87	7.039	0.1256	14.09	18.57	0.0909	0.8055

表 4.5　自监督特征自适应策略和融合增强策略在 INFV-41 数据集上的有效性验证

策　略	AG	EN	MSD	MI	GLD	SF	VIFF
IVF w/o SFA	3.620	6.304	0.0976	12.61	6.378	0.0298	0.2694
IVF w/o FE	5.897	6.857	0.1301	13.71	10.47	0.0490	0.4576
IVF	9.408	7.128	0.1574	14.26	14.26	0.0777	0.6554

融合增强策略的影响：考虑到在某些场景下（如弱光或远距离拍摄）源图像的质量较低，本节添加了增强模型以进一步提高融合性能。为了验证融合增强策略在红外和可见光图像融合中的有效性，本节验证了 IVF w/o FE（无融合增强策略的 IVF）。IVF w/o FE 在实现自适应的同时，先使用自监督特征自适应框架进行重要特征提取，然后采用融合模型生成最终结果。然而，它没有用于改进非理想场景融合的增强模型。图 4.13（b）显示了三幅可见光图像，其中由于光线不足和其他不利因素，结构细节变得模糊。如图 4.13（d）所示，在无 FE 的 IVF 融合结果中不可避免地存在细节模糊。相比之下，本节的 IVF 可以明显提高融合性能（人、道路和树木），这有利于在实际应用中的稳健性。表 4.4 和表 4.5 表明，与 IVF w/o FE 相比，IVF 的融合性能有了很大的提高，这证实了融合增强策略对红外和可见光图像融合的有效性。

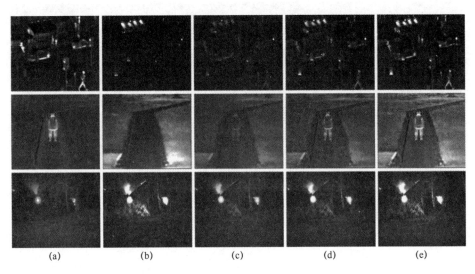

(a)   (b)   (c)   (d)   (e)

图 4.13 自监督融合和两种变体在三对代表性图像上融合结果的主观比较

注意力机制分析：为了在提出的框架中研究注意力机制的有效性，本节采用 IVF w/o AM（没有空间注意力机制的 IVF）、IVF w/SA（有空间注意力机制的 IVF）和 IVF 进行比较。IVF w/o AM 采用 SFANet 进行特征自适应和重要特征提取，然后使用融合增强模型生成最终结果。IVF w/SA 在 IVF w/o AM 结构的基础上增加了由卷积层和 Sigmoid 层组成的空间注意力机制块。表 4.6 显示了不同方法的定量结果。值得注意的是，与其他两种变体相比，IVF 实现了最佳性能。与 IVF w/o AM 相比，IVF w/SA 在一定程度上提高了融合性能，但融合指标低于 IVF。

此外，本节在图 4.14 中提供了 IVF w/o AM 与 IVF 融合结果的比较。尽管 IVF w/o AM 可以融合红外和可见光图像的主要特征，但一些重要信息（如矩形框中红外图像的对比度信息和可见光图像的纹理信息）会部分丢失。相比之下，IVF 可以取得更好的效果。这可以解释为，注意力机制策略可以有效地放大有价值的特征，有利于这些有价值特征进一步融合。

表 4.6 注意力机制在 INFV-41 数据集上的有效性验证

策　　略	AG	EN	MSD	MI	GLD	SF	VIFF
IVF w/o AM	6.224	6.870	0.1309	13.81	12.37	0.0548	0.5624
IVF w/SA	6.697	7.015	0.1426	14.01	14.79	0.0652	0.6273
IVF	9.408	7.128	0.1574	14.26	16.59	0.0777	0.6554

L_{SSIM} 评估：本节构建 L_{SSIM} 通过对比度信息和纹理信息的损失项，其中亮度信息 L_n 被忽略。因此，使用此训练的网络 L_{SSIM} 项将侧重于生成高对比度的融合图像，并且自适应地重构融合图像的亮度信息以获得高对比度的结果，从而产生一些伪影。换句话说，伪影区域被强制生成以提高融合图像的对比度。此外，合并和上采样可能会影响伪影的生成。因此，在本节中，池化层和上采样层被删除。

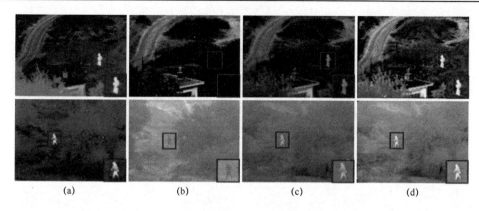

图 4.14　IVF w/o AM 与 IVF 融合结果的比较

为了解决这些伪影，本节设计了一个损失项 L_{SSIM} 的变体，命名为 L_{SSIM}^l，通过添加亮度信息：

$$C' = \max C_n (n=1,2), \quad S' = \frac{\sum_{n=1}^{2} S_n}{\left\|\sum_{n=1}^{2} S_n\right\|}, \quad L' = \frac{\sum_{n=1}^{2} L_n}{2} \tag{4.12}$$

式中，L' 为添加的亮度信息。

以图 4.9 为例，通过 L_{SSIM}^l 有效地解决了融合结果中的伪影问题 [见图 4.9（a8）中间矩形框中所示 Kiosk 墙]。此外，与其他技术相比，提出的基于 L_{SSIM} 和 L_{SSIM}^l 的方法可以保留更多的源图像信息。基于 L_{SSIM} 的方法或基于 L_{SSIM}^l 的方法有自己的优点，基于 L_{SSIM} 的方法可以生成更高对比度的融合图像，基于 L_{SSIM}^l 的方法可以解决伪影问题，如图 4.9（a7）和图 4.9（a8）所示。更多的定性结果参考图 4.10～图 4.12。此外，本节还添加了与其他基于深度学习的方法的定量比较，如图 4.15 所示。基于 L_{SSIM}^l 的方法在 AG、GLD 和 SF 上取得最佳，在 MI 上取得次等最佳。基于 L_{SSIM} 的方法在 EN 和 MI 上取得最佳，以及在 AG、GLD、SF、VIFF 和 MSD 上取得次等最佳。

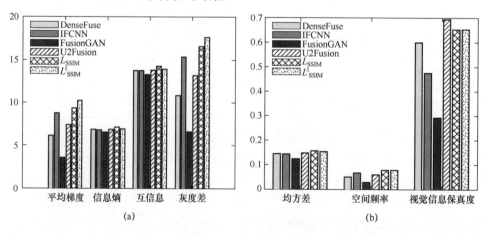

图 4.15　比较不同方法在 INFV-41 数据集上的融合结果

不同网络层的性能分析：在本节中，分析了不同网络层的红外和可见光图像融合的融合性能。在红外和可见光图像融合网络中，编码器网络与 VGG 网络具有相同的结构，包括 5 个卷积块（conv1、conv2、conv3、conv4、conv5）。另外，两个具有不同数量卷积块的网络结构被用来评估性能：由三个卷积块组成的 IVF（IVF-three）和由四个卷积块组成的 IVF（IVF-four）。本节进一步在 INFV-20 数据集和 INFV-41 数据集上对红外和可见光图像融合及两个变体进行了定量比较。如表 4.7 所示，本节 IVF 的 AG、EN、MSD、MI、GLD、SF 和 VIFF 的平均值比 IVF w/o SFA 和 IVF w/o FE 的都大。

表 4.7 在 INFV-41 数据集上使用不同网络层数的 IVF 的有效性验证

策　略	AG	EN	MSD	MI	GLD	SF	VIFF
IVF w/o SFA	6.224	6.870	0.1309	13.81	12.37	0.0548	0.5624
IVF w/o FE	6.697	7.015	0.1426	14.01	14.79	0.0652	0.6273
IVF	9.408	7.128	0.1574	14.26	16.59	0.0777	0.6554

4.3 基于元特征嵌入的图像融合

4.3.1 方法背景

现有的 IVIF 和目标检测（Object Detection，OD）联合学习方法可分为两类：单独优化和级联优化。单独优化首先训练 IVIF 网络，然后利用 IVIF 结果对 OD 网络进行训练，如图 4.16（a）所示。因此，大多数方法都侧重于改善融合效应，如设计网络[30-33]和引入约束条件[34-36]。显然，单独优化忽略了 OD 的帮助。级联优化采用 OD 网络作为约束条件来训练 IVIF 网络，从而迫使 IVIF 网络生成具有容易检测到对象[37]的融合图像，如图 4.16（b）所示。然而，直接利用高级 OD 约束来指导像素级 IVIF 的效果有限。因此，本节利用 OD 特征映射指导 IVIF 特征映射来获得更多的语义信息。不幸的是，由于任务级别的差异，OD 特征与 IVIF 特征不匹配。针对这个问题，本节提出了一个元特征嵌入网络（MFE），如图 4.16（c）所示。其思想是，如果 MFE 根据 IVIF 网络的能力生成 OD 特征，那么 OD 特征与 IVIF 网络自然兼容，并且可以通过模拟元学习来实现优化。

详细来说，本节方案包括图像融合网络、目标检测网络和元特征引导网络。其中，元特征引导网络旨在生成元特征以弥补图像融合网络与目标检测网络的差距。本节方法通过内部更新和外部更新两个交替步骤进行优化。在内部更新过程中，本节首先使用元训练集优化图像融合网络以获得更新的图像融合网络。然后，更新的图像融合网络在元测试集上计算融合损失以优化元特征引导网络。以此方式更新元特征引导网络的原因是，如果元特征引导网络成功生成与图像融合网络兼容的元特征，那么更新的图像融合网络将产生更好的融合图像，即融合损失应更低。在外部更新过程中，本节使用固定的元特征引导网络生成的元特征指导优化图像融合网络，使图像融合网络能够学习如何提取语义信息以提高融合质量。

在上述两个交替步骤中，目标检测网络参数一直是固定的，以提供检测的语义信息。因此，本节进一步实现了相互促进学习，使用在元特征引导网络中收敛后的图像融合网络生成融合结果来微调目标检测网络,然后通过改进目标检测网络提供更好的语义信息来优化图像融合网络。

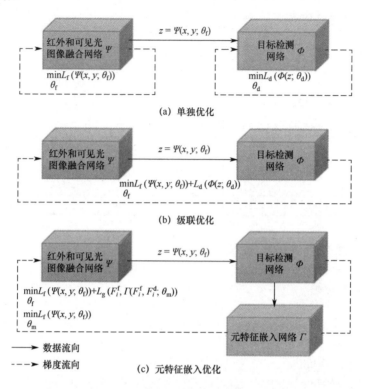

图 4.16 红外和可见光图像融合及目标检测的不同联合学习方法

综上所述,本节的主要内容如下。

(1) 本节探索了 IVIF 和 OD 的联合学习框架,并提出了基于元特征嵌入的图像融合模型,在两个任务上均取得了优越的性能。

(2) 本节设计了元特征嵌入网络来生成元特征,以弥补 IVIF 网络和 OD 网络之间的差距。

(3) 本节依次引入图像融合网络和目标检测网络,并实现它们之间的相互促进学习,以提高彼此的性能。

4.3.2 基于元特征嵌入的图像融合网络模型

4.3.2.1 基于元特征嵌入的图像融合网络

本节设计了一个名为元特征引导的红外和可见光图像融合的框架,如图 4.17 所示,该框架包含三个子网络:红外和可见光图像融合网络(以下简称融合网络),用于生成融合图像;目标检测网络(以下简称检测网络),用于提供图像中的语义信息;元特征引导网络(以下简称引导网络),用于引导融合网络提取到更多的目标语义信息。然而,由于红外和可见光图像任务和目标检测任务之间的任务差距,目标检测特征不能直接用于监督红外和可见光图像融合网络来提升其语义提取能力。

因此,本方案的研究聚焦于设计指导网络的结构与优化方法,期望元特征引导网络可以根据融合网络的语义提取能力从目标检测特征上生成目标语义特征,那么此特征自然就与融合网络相兼容。4.3.2.2 节将会对该方案的网络结构细节进行介绍。

4.3.2.2 网络结构细节

在本节方案中,整个红外和可见光图像融合的框架由三个子网络构成,如图 4.17 所示,即融合网络、检测网络、引导网络。本节将会对这三个子网络的结构进行描述。

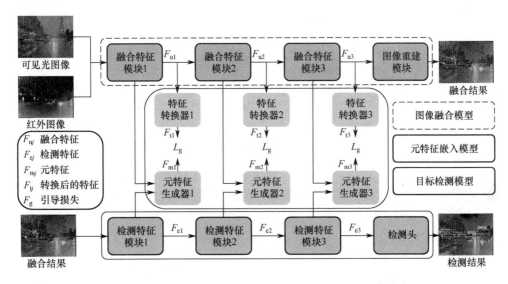

图 4.17 基于目标检测元特征引导的红外和可见光图像融合

融合网络旨在根据输入的红外和可见光图像生成融合结果,其结构由三个融合特征模块(Fusion Feature Block,FFB)和一个图像重建模块(Image Reconstruction Module,IRM)构成。检测网络的引入是为了提供图像的目标语义信息,本节的框架采用 YOLOv5s 作为检测网络,并根据其骨干网络中的特征图的空间尺寸,将其分为三个目标检测特征模块(Detection Feature Block,DFB)。为了简化表达,本节将 YOLOv5s 结构中用于多级别特征组合的结构(Neck)与任务头(Head)概括为检测头(Detection Head,DH)。

为了实现利用目标检测特征引导,本节设计了引导网络。它由两个子网络构成:元特征生成网络(Meta-Feature Generator,MFG)和特征转换网络(Feature Transform Network,FTN)。MFG 的结构如图 4.18 所示,考虑到来自 FFB 的图像融合特征 F_u 不仅能够提供场景的细节信息,还能体现融合网络的语义提取能力。而来自 DFB 的目标检测特征 F_e 可以提供目标的语义信息,所以 F_u 与 F_e 均被送入 MFG。MFG 首先由两个支路分别处理 F_u 与 F_e。计算 F_u 的支路由四个以 ReLu 为激活函数的卷积层构成;计算 F_e 的支路由一个上采样层和两个以 ReLu 为激活函数的卷积层构成。然后 MFG 通过特征级联的方式将两个支路的特征进行组合,最终送入六个卷积层得到用于引导融合网络的元特征 F_m。特征转换网络(FTN)的引入是为了将元特征的信息迁移到图像融合特征中,该网络由三个带有 ReLu 激活函数的卷积层构成。

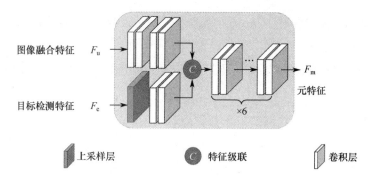

图 4.18 MFG 的结构

元特征引导学习中，本节构建了一个引导网络用于提升融合网络的目标语义提取能力。元特征生成网络（MFG）与特征转换网络（FTN）共同组成了引导网络。MFG 可以在目标检测特征上根据红外和可见光图像融合特征来生成元特征，即

$$F_{mj} = \mathrm{MFG}(F_{uj}, F_{ej}) \tag{4.13}$$

式中，F_{mj} 为元特征；F_{uj} 为红外和可见光图像融合特征；F_{ej} 为目标检测特征；j 为特征级别索引。FT 通过引入一个媒介特征 F_{tj} 将元特征 F_{mj} 中的信息进行迁移。

元特征引导学习分为两个阶段：内部更新阶段与外部更新阶段，如图 4.19 所示。在每个阶段中，本方案分别优化不同的网络来实现利用元特征引导融合网络。

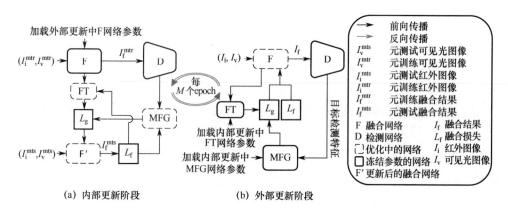

图 4.19 元特征引导学习

如图 4.19（a）所示，MFG、FT 与融合网络（F）在内部更新阶段中更新其参数。在内部更新阶段中，本节首先将红外和可见光图像训练集 S_{tr} 划分为元训练集 S_{mtr} 与元测试集 S_{mts}，然后从元训练集 S_{mtr} 中采样源图像对，利用式（4.14）更新融合网络（F）的参数 θ_F：

$$\theta_{F'} = \theta_F - \beta_{F'} \nabla_{\theta_F} L_g(F_{mj}, F_{tj}) = \theta_F - \beta_{F'} \frac{\partial L_g(F_{mj}, F_{tj})}{\partial \theta_F} \tag{4.14}$$

式中，L_g 为引导损失，通过计算两个输入的 L_2 距离来实现；$\beta_{F'}$ 代表网络参数更新时的学习率；$\theta_{F'}$ 为更新后的融合网络 F′ 的网络参数，其中融合网络 F′ 是在融合网络 F 的基础上更新得到的。

在得到更新后的融合网络 F′ 后，本节利用参数为 $\theta_{F'}$ 的融合网络 F′ 与从元测试集 S_{mts} 中采样的源图像计算融合损失 L_f。通过此方式，融合损失 L_f 可以衡量元特征对于融合网络 F 的引导效果，换句话说，一个有效的 MFG 应当生成符合以下描述的元特征：融合网络 F 在由 MFG 生成的元特征引导更新得到融合网络 F′ 后，融合网络 F′ 应有更强的语义提取能力，从而生成更好的图像融合结果，也就是融合网络 F′ 对应的融合损失 L_f 会下降。相似地，如果 FTN 可以与 MFG 密切地"配合"将元特征中的信息有效地迁移到融合网络 F 中去，那么融合损失 L_f 也应当下降。因此，本节利用融合损失 L_f 来更新元特征生成网络（MFG）的参数 θ_{MFG} 与特征转换网络（FTN）的参数 θ_{FTN}，如式（4.15）和式（4.16）所示。

$$\theta_{MFG} = \theta_{MFG} - \beta_{MFG} \nabla_{\theta_{MFG}} L_f(I_f^{mts}, I_i^{mts}, I_v^{mts}) \tag{4.15}$$

$$\theta_{FTN} = \theta_{FTN} - \beta_{FTN} \nabla_{\theta_{FTN}} L_f(I_f^{mts}, I_i^{mts}, I_v^{mts}) \tag{4.16}$$

式中，融合损失 L_f 为 SSIM 损失；I_i^{mts} 与 I_v^{mts} 分别为从元测试集中采样的红外图像与可见光图像；I_f^{mts} 对应元测试融合结果图像，计算公式为 $I_f^{mts} = F'(I_i^{mts}, I_v^{mts})$；$\beta_{MFG}$ 与 β_{FTN} 分别为 MFG 与 FTN 对应的学习率。$\nabla_{\theta_{MFG}} L_f$ 计算公式为

$$\nabla_{\theta_{MFG}} L_f(F'(I_i^{mts}, I_v^{mts}), I_i^{mts}, I_v^{mts}) = \frac{\partial L_f(F'(I_i^{mts}, I_v^{mts}), I_i^{mts}, I_v^{mts})}{\partial \theta_{F'}} \times \left(-\frac{\partial^2 L_g(F_{mj}, F_{tj})}{\partial \theta_F \partial \theta_{MFG}}\right) \tag{4.17}$$

相似地，$\nabla_{\theta_{FTN}} L_f$ 计算公式为

$$\nabla_{\theta_{FTN}} L_f(F'(I_i^{mts}, I_v^{mts}), I_i^{mts}, I_v^{mts}) = \frac{\partial L_f(F'(I_i^{mts}, I_v^{mts}), I_i^{mts}, I_v^{mts})}{\partial \theta_{F'}} \times \left(-\frac{\partial^2 L_g(F_{mj}, F_{tj})}{\partial \theta_F \partial \theta_{FTN}}\right) \tag{4.18}$$

由此，通过上述训练过程，MFG 可以学习到如何从目标检测特征生成与融合网络兼容的元特征，也就是 MFG 可以学习到如何根据融合网络当前的特征提取能力来生成元特征。同样地，FTN 也可以学习到如何有效地与生成的元特征配合将信息迁移到融合网络。

如图 4.19（b）所示，融合网络在外部更新阶段训练。此时训练集为 $S_{tr} = S_{mtr} \cup S_{mts}$，即元训练集与元测试集的并集，融合网络在训练集 S_{tr} 上从其初始的参数 θ_F 开始训练，并利用融合损失 L_f 与引导损失 L_g 进行训练，其参数更新可以描述为

$$\begin{aligned}\theta_F &= \theta_F - \beta_F \nabla_{\theta_F}(L_f(I_f, I_i, I_v) + \lambda_g \sum_{j=1}^{3} L_g(F_{mj}, F_{tj})) \\ &= \theta_F - \beta_F \left(\frac{\partial L_f(I_f, I_i, I_v)}{\partial \theta_F} + \lambda_g \sum_{j=1}^{3} \frac{\partial L_g(F_{mj}, F_{tj})}{\partial \theta_F}\right)\end{aligned} \tag{4.19}$$

式中，I_i 与 I_v 分别为从训练集 S_{tr} 中采样的红外图像与可见光图像；I_f 为融合结果；β_F 为融合网络的学习率；λ_g 为用于平衡融合损失 L_f 与引导损失 L_g 的超参数。

经过外部更新阶段，融合网络在元特征的引导与融合损失的约束下进行优化，从而生成更加合理的融合结果。

最终，在元特征引导学习中的内部更新与外部更新每 M 个 epoch 轮流进行，用于优化训练引导网络与融合网络。另外，在元特征引导学习中，检测网络参数是固定的。

在元特征引导学习中，本节固定了检测网络的参数，使其可以提供稳定的目标语义特征。通过这种方式，元特征生成网络（MFG）在生成元特征时不需要处理变化目标语义信息，从而简化训练。然而，随着元特征引导学习的进行，融合网络的语义提取能力会逐步上升，从而使融合网络与检测网络之间语义提取能力的差距逐渐减小。因此，元特征对融合网络的引导并提升其语义提取能力的作用会逐渐消失。

为了解决这一问题，本节采用了一种简单有效的方式。该方式可以同时提升图像融合与目标检测的效果，如图 4.20 所示。本章首先对融合网络利用训练集 S_{tr} 与融合损失 L_f 进行单独训练，然后利用融合结果与检测损失 L_{det} 训练检测网络。经过此过程，检测网络可以有效地提取图像中的目标语义信息，因此本节利用检测网络来为元特征生成网络提供图像的语义特征。随着元特征引导学习的进行，融合网络的语义提取能力逐步提升，因此它需要一个性能更高的检测网络来提供语义信息。本节利用性能提升的融合网络生成新的融合结果来重新训练检测网络，待检测网络重新训练结束后，本节再次将检测网络应用于元特征引导学习来提供新的语义信息。通过这种方式，图像融合与目标检测的效果都能得到提升。

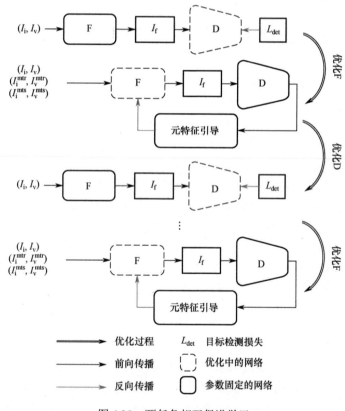

图 4.20 两任务相互促进学习

4.3.3 模型训练

基于目标检测元特征指导的红外和可见光图像融合的训练算法如算法 4.1 所示。

第 4 章 多域特征对齐的多源图像融合

具体来说，本节首先对融合网络进行预训练，并利用其生成的融合结果对检测网络进行微调，如算法 4.1 中的第 1 行～第 11 行所示。然后，加入元特征生成网络（MFG）与特征转换网络（FTN）来进行元特征引导学习，即使融合网络通过元特征的引导提升其融合效果，如第 12 行～第 26 行所示。在这个阶段，本节设定 $N=8$，$n=200$，即 MFG 和 FTN 将每 8 个 epoch 更新 200 次。在 50 个 epoch 的元特征引导学习之后，算法使用提升后的融合网络生成的融合结果来训练检测网络，如算法 4.1 中的第 27 行～第 29 行。然后，本节方法使用重新训练的检测网络来再次进行元特征引导学习。两任务相互促进学习轮次由超参数 R 决定，在本节方法中设置 $R=2$。

算法 4.1　基于目标检测元特征指导的红外和可见光图像融合的训练算法

输入：训练集 S、融合网络 $F(\theta_F)$、元特征生成网络 MFG(θ_{MFG})、特征转换网络 FTN(θ_{FTN})、检测网络 D(θ_D)
输出：训练后的融合网络 $F(\theta_F^*)$

1　初始化 $F(\theta_F)$、MFG(θ_{MFG})、FTN(θ_{MFG})、D(θ_D)
2　**while** not converged **do**　　/* 预训练图像融合网络 F */
3　　从 S 中采样图像对 (I_i, I_v)
4　　通过 F 计算融合结果 I_f
5　　通过融合损失 L_f 优化 F
6　**end while**
7　**while** not converged **do**　　/* 预训练目标检测网络 D */
8　　从 S_f 中采样 I_f，其中 S_f 是由 F 在 S 上计算得到的
9　　通过 D 计算检测结果
10　 通过检测损失 L_{det} 优化 F
11　**end while**
12　**while** not converged **do**　　/* 元特征引导学习 */
13　　从 S 中采样图像对 (I_i, I_v)　　/* 外部更新 */
14　　通过 F 计算融合结果 I_f
15　　通过 MFG 与 FTN 计算元特征 F_{mj} 与 F_{tj}
16　　通过融合损失 L_f 与 L_g 优化 F，如式（4.19）
17　　**if** epoch%N==0 or epoch==0 **then**
18　　　**for** $i=1$ to n **do**　　/* 内部更新 */
19　　　　从 S_{mtr} 中采样图像对 (I_i^{mtr}, I_v^{mtr})
20　　　　通过式（4.14）计算 $\theta_{F'}$
21　　　　从 S_{mts} 中采样图像对 (I_i^{mts}, I_v^{mts})
22　　　　在 (I_i^{mts}, I_v^{mts}) 上利用 $\theta_{F'}$ 计算融合损失 L_f
23　　　　利用融合损失 L_f 更新 θ_{MFG}、θ_{FTN}，如式（4.15）和式（4.16）所示
24　　　**end for**
25　　**end if**
26　**end while**　　/* 两任务相互促进学习 */
27　**if** 轮数 $< R$ **then**
28　　跳转到第 7 行
29　**end if**

4.3.4 实验

4.3.4.1 实验设置

数据集：本节采用三个红外和可见光图像融合数据集来评估本节方法的图像融合效果，它们分别为 M^3FD[37]、RoadScene[26] 与 TNO[38]。详细地，本节首先将数据集 M^3FD 随机划分为 M^3FD 训练集与测试集，其中 M^3FD 训练集共有 2940 对图像，M^3FD 测试集共有 1260 对图像。数据集 RoadScene（221 对图像）与 TNO（40 对图像）在本节中仅用于网络的测试。本节利用 M^3FD 训练集对目标检测性能进行评估：首先利用融合网络生成 M^3FD 训练集与测试集的图像融合结果，然后利用 M^3FD 训练集对应的图像融合结果训练检测网络，并利用 M^3FD 测试集融合结果来评估检测网络的性能。

实现细节：本节的方案采用 YOLOv5s 作为目标检测网络。本节方法采用 PyTorch 实现，并采用一块 NVIDIA GeForce RTX 3090 GPU 进行训练与测试。在融合网络预训练与元特征引导学习阶段，本节方法将图像长宽缩放到 512×384，设置批次数（batchsize）为 1，并利用 Adam 优化器，学习率 β_F、$\beta_{F'}$、β_{MFG} 与 β_{FTN} 均被设置为 1×10^{-3}。在检测网络预训练阶段，本节采用 YOLOv5s 作者提供的训练方法，详细来说，本节选择了 SGD 优化器，学习率设置为 1×10^{-2}。在两任务相互促进学习阶段，检测网络的初始学习率为 1×10^{-2}，并在每轮促进学习阶段结束后将学习率减小至前一轮的十分之一。超参数 N、n 与 R 分别为 8、200 与 2，它们代表在元特征引导学习中 MFG 与 FTN 每 8 个 epoch 更新 200 次，两任务相互促进学习的过程进行两轮；用于平衡融合损失与引导损失的超参数 λ_g 为 0.1。在训练迭代次数方面，首先对融合网络与检测网络分别进行 100 与 150 个 epoch 的预训练，然后进行第一轮相互促进学习：先对融合网络实施 100 个 epoch 的元特征引导训练，再重新训练检测网络 150 个 epoch。两任务相互促进学习进行两轮，以此方式，图像融合与目标检测的效果均获得提升。

评估指标：本节采用三种常见的图像融合评估指标来评估红外和可见光图像融合网络的性能，它们分别为信息熵（EN）、互信息（MI）与视觉信息保真度（VIFF）。

EN 衡量了一幅图像中信息的含量，EN 的值越大说明图像包含的信息量越多；MI 可以衡量两幅图像中信息的相似度，本节利用 MI 来衡量融合结果与输入的红外图像之间、融合结果与输入的可见光图像之间的信息相似度，MI 的值越高说明融合结果包含了更多的输入源图像对中包含的信息；VIFF 可以体现融合结果中有多少信息可以被人类的视觉系统捕获，VIFF 的值越大说明融合结果的失真程度越小。另外对于检测性能的定量评估，本节采用目标检测任务中的平均准确率（Average Precision，AP）中的 $AP_{50:95}$ 指标。该指标计算了不同预测框与真值的交并比（Intersection over Union，IoU）下的 AP，详细来说该指标计算了交并比为 0.5～0.95（步长为 0.05）的 AP。该指标既考虑了不同 IoU 置信度下的检测精度，又考虑了 IoU 置信度范围的影响，可以更加全面地反映算法的优劣，$AP_{50:95}$ 的数值越大说明检测结果越准确。

4.3.4.2 消融实验

消融实验是计算机视觉领域中常见的实验方法，其目的是研究与评估一个框架（算法）

的组成部分对于整个框架（算法）性能的影响。具体来说，消融实验通过对一个框架（算法）中的一个组成部分进行删除或改变，从而评估这一部分对于整体的贡献或重要性。因此，本节设计了三个消融实验，用于研究不同的组成部分对于本节整体算法的作用。

（1）元特征引导学习的作用。

元特征引导学习是本章方法的重要组成部分之一，该学习方式通过目标检测特征生成与融合网络兼容的元特征进而引导融合网络学习如何提取更多的目标语义信息。为了验证这一学习过程的影响，本节设置了不同的学习方式与元特征引导学习进行对比。首先是分离优化方法，如图4.21（a）所示。详细来说，该方法首先利用式（4.20）作为目标函数优化融合网络F，等待融合网络收敛后，利用其在数据集上生成融合结果，最终利用生成的融合结果按式（4.21）优化检测网络D。

$$\min_{\theta_F} L_f(F(I_i, I_v; \theta_F)) \quad (4.20)$$

$$\min_{\theta_D} L_d(D(I_f; \theta_D)) \quad (4.21)$$

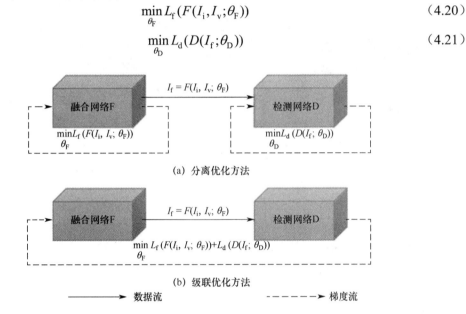

图 4.21 不同的图像融合与目标检测联合优化方式

然后是级联优化方法，如图 4.21（b）所示。该方法首先将融合网络在训练集上预训练，待融合网络能够生成合理的融合结果后，利用融合网络生成融合图像预训练检测网络，待检测网络收敛后，该方法将融合网络与检测网络级联在一起并固定检测网络参数，然后将检测网络与检测损失一起视为融合网络的一个约束，随后将该约束与融合损失组合用于优化融合网络，如式（4.22）所示。

$$\min_{\theta_F} L_f(F(I_i, I_v; \theta_F)) + L_d(D(I_f; \theta_D)) \quad (4.22)$$

该消融实验的结果如表 4.8 所示，其中最优的数据以黑体数字表示，从实验结果可以看出，本节方法在融合的三个评价指标上达到了最优。分离优化方法由于忽略了目标检测任务的帮助，所以融合效果在三种方法中处于最后，而级联优化方法直接利用了高级别的目标检测任务来约束像素级别的图像融合，其会因两任务之间的巨大差距，不可避免地让融合网络学习目标级别的特征影响像素级别特征的学习，从而导致融合结果欠优。作为对比，本节采用的元特征引导学习的方式，利用元特征生成网络基于融合网络的需求在目标检测特征的基础上生成元特征，因此这些生成的元特征可以很好地与融合网络兼容，并可以向融合网络提供目标语义信息。不同图像融合优化方法可视化比较如图 4.22 所示，本节方法相较于另外两种方法提取了更加显著的目标特征，并生成了更加清晰的目标。

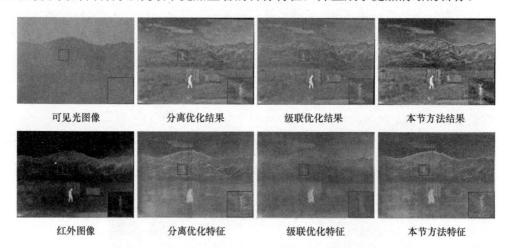

图 4.22　不同图像融合优化方法可视化比较

表 4.8　元特征引导学习作用的研究实验结果

方　法	评　价　指　标		
	MI	EN	VIFF
分离优化方法	14.164	7.078	1.190
级联优化方法	14.187	7.089	1.345
本节方法	**14.511**	**7.249**	**1.515**

（2）两任务相互促进学习的影响。

本节提出了通过两任务相互促进学习的方式来优化图像融合与目标检测的性能。为了研究两任务相互促进学习的影响，本节设置第二个消融实验。本消融实验通过设置超参数 R 的值为 0、1、2，来探究相互促进学习对于整体框架的影响。对于两任务相互促进学习影响的研究实验结果如表 4.9 所示，其中最优的数据以黑体数字表示。该实验结果在 M^3FD 测试集上计算得到，图像融合与目标检测的效果会随 R 的增加而上升，但训练所花费的时间也会随 R 的增加而成倍地增加，所以综合考虑时间成本与网络性能，本节选择 R 的值为 2。

表 4.9　对于两任务相互促进学习影响的研究实验结果

方　法	评　价　指　标			
	MI	EN	VIFF	$AP_{50:95}$
$R = 0$	14.164	7.078	1.190	55.6
$R = 1$	14.464	7.226	1.474	55.8
$R = 2$	**14.511**	**7.249**	**1.515**	**56.5**

(3) 多级别元特征引导学习的效果。

本节的元特征引导学习采用多级别模块与特征来实现，为了探究模块与特征级别数对于整体方案的影响，本节实施了第三个消融实验。本消融实验设置了三种级别的元特征引导学习，除了在 4.3.2 节中描述的三种级别的元特征引导学习，本消融实验还设置了两种级别的元特征引导学习，第一种为单级别框架，如图 4.23（a）所示，在单级别框架中引导网络由一个特征转换网络与一个元特征生成网络构成，融合网络由一个融合特征模块和图像重建模块构成，并且仅仅利用了检测特征模块 1 输出的特征。第二种为双级别框架，如图 4.23（b）所示，引导网络中特征转换网络与元特征生成网络数量变为 2，融合网络中融合特征模块增加为两个，并且利用了两种级别的检测特征模块。三种级别的元特征引导学习对应的实验结果如表 4.10 所示，该实验结果在 M^3FD 测试集上计算得到，其中最优的数据以黑体数字表示。随着级别数目的上升，因为元特征引导学习可以利用更多的目标语义信息来引导融合网络，所以融合网络的性能逐渐上升。

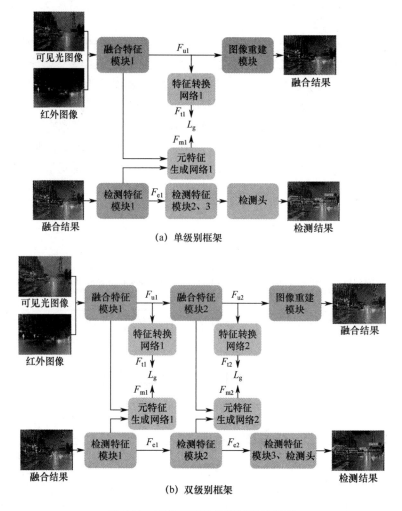

图 4.23 不同级别的元特征引导框架

表 4.10　三种级别的元特征引导学习对应的实验结果

方法	评价指标		
	MI	EN	VIFF
单级别	14.450	7.220	1.259
双级别	14.452	7.220	1.377
本节方法（三级别）	**14.564**	**7.226**	**1.474**

4.3.4.3　对比实验

为了验证本节红外和可见光图像融合方案的有效性，本节选取了七种近期提出的性能优越的图像融合方法作为对比，这七种方法分别为 Tardal[37]、U2Fusion[26]、SwinFusion[39]、GANMcC[40]、MFEIF[41]、YDTR[42] 与 PIAFusion[43]。为了公平比较，本节采用了各种方法的作者开源的代码与作者提供的网络权重和超参数等来生成融合结果。本节利用定量评估与定性评估两种方法来进行对比。

（1）图像融合定量评估。

为了客观、稳定地评估本章图像融合方法的性能，本节对各种方法对应的融合结果进行了定量评估。定量对比如表 4.11、表 4.12 和表 4.13 所示，其中黑体数字表示最优结果，浅色数字表示次优结果。本节方法在三个数据集上的大多数评估指标取得了最大或次大的值。详细来说，与其他融合方法相比，本节方法在 M³FD 数据集与 TNO 数据集上取得了最好的融合性能，尽管本节方法在 RoadScene 数据集上表现稍差，但也有两个指标取得了最大或次大的值。本节方法的融合结果在 EN 与 MI 上取得了较高的值，说明了本节方法的融合结果包含对比度高的目标与清晰的边缘细节；较高的 VIFF 也说明了本节方法的融合图像有良好的视觉效果与较小的失真。

表 4.11　在 M³FD 上本节方法与先进方法定量对比

指标	M³FD 方法							
	GANMcC	MFEIF	U2Fusion	YDTR	PIAFusion	SwinFusion	Tardal	本节方法
MI	13.731	12.957	13.816	12.694	13.326	13.051	13.636	**14.511**
EN	6.865	6.478	6.908	6.347	6.663	6.525	6.818	**7.249**
VIFF	0.453	0.401	0.545	0.361	0.437	0.460	0.650	**1.515**

表 4.12　在 RoadScene 上本节方法与先进方法定量对比

指标	RoadScene 方法							
	GANMcC	MFEIF	U2Fusion	YDTR	PIAFusion	SwinFusion	Tardal	本节方法
MI	14.017	13.489	13.888	13.166	13.262	13.267	**15.009**	14.218
EN	7.008	6.742	6.944	6.583	6.533	6.633	**7.504**	7.022
VIFF	0.422	0.260	0.456	0.236	0.205	0.313	0.483	**0.969**

表 4.13 在 TNO 上本节方法与先进方法定量对比

指标	方法							
	GANMcC	MFEIF	U2Fusion	YDTR	PIAFusion	SwinFusion	Tardal	本节方法
MI	13.485	13.360	13.889	12.862	13.931	13.879	13.030	**14.657**
EN	6.742	6.680	6.944	6.431	6.960	6.933	6.515	**7.323**
VIFF	0.424	0.395	0.636	0.280	0.506	0.479	0.910	**1.462**

另外，本节对不同的融合方法生成融合结果的速度进行了对比，结果如图 4.24 所示，本节方法通过构建目标检测网络与元特征引导网络提升了融合网络语义提取能力，而元特征引导网络与目标检测网络仅在图像融合训练过程中使用，在推断过程中，仅需要融合网络的参与，因此推理速度相较于第 3 章方案有了较大的提升。不同算法的推理速度均在一块 NVIDIA GeForce RTX 2080Ti GPU 上统计获得，并且不包括数据输入/输出所消耗的时间。

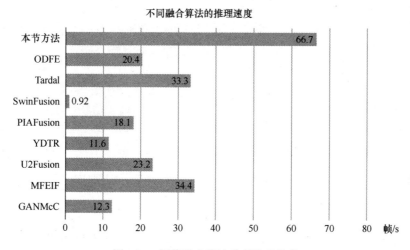

图 4.24 图像融合算法推理速度比较

（2）图像融合定性评估。

为了更加直观地比较不同方法图像融合的表现，本节将各种方法的融合结果进行了可视化。图像融合定性评估的结果如图 4.25 所示，所有的融合方法均可以在不同程度上融合红外与可见光图像中的信息。然而，如图 4.25 中矩形框所示，由 GANMcC、MFEIF 与 YDTR 生成的融合结果中的边缘与细节较为模糊；由 U2Fusion、PIAFusion、SwinFusion 与 Tardal 生成的融合图像中目标的对比度较低；由本节方法生成的融合结果包含了清晰的纹理与高对比度的目标。本节方法利用元特征引导网络先生成与融合网络匹配的元特征，再引导提升融合网络的语义提取能力，有效地解决了目标检测与图像融合不匹配的问题，因此与其他方法相比，本节方法生成的融合结果中的目标噪声更小，细节更加清晰，如图 4.25 中第二行图像矩形框中的汽车、第四行图像中的邮箱。

图 4.25 图像融合定性评估的结果

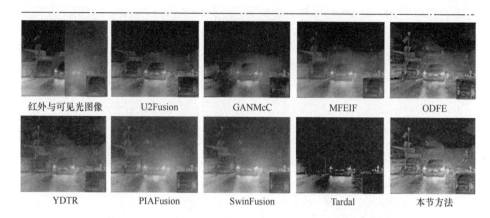

图 4.25 图像融合定性评估的结果（续）

（3）目标检测性能评估。

一个良好的图像融合结果相较于单模态图像包含了更多的信息，从而可以有效地提升目标检测的性能。为了进一步评估本节方法的有效性，本节对不同方法的融合结果的检测准确率进行了评估。为了公平比较，本次评估首先使用包括本节方法在内的各种方法生成融合结果，然后利用各种方法的融合结果分别对目标检测网络 YOLOv5s 进行训练、测试与指标计算。

融合结果目标检测性能评估如表 4.14 所示，最高的评估指标数值以黑体数字表示，次高的数值以浅色数字表示。总体来说，所有方法的融合结果检测效果均优于单模态图像的检测效果；相比于其他方法，本节方法的融合结果获得了最佳的检测效果，这一现象再次证明了本节方法能够生成高质量的融合结果，特别是在目标区域融合方面表现出色。

表 4.14 融合结果目标检测性能评估

方法	评估指标 $AP_{50:95}$	方法	评估指标 $AP_{50:95}$
红外图像	52.6	YDTR	55.4
可见光图像	54.3	PIAFusion	55.6
GANMcC	55.2	SwinFusion	55.4
MFEIF	55.4	Tardal	54.4
U2Fusion	55.7	本节方法	**56.5**

为了更加直观地对不同融合方法的检测效果进行对比，本节可视化了一部分目标检测结果，如图 4.26 所示。总体来说，所有的融合方法相较于单模态图像均可以提升检测效果，但本节方法获得了最佳的检测效果，如图 4.26 中的行人只有用本节方法可以检测到，如椭圆所示。

图 4.26 不同融合方法的目标检测结果

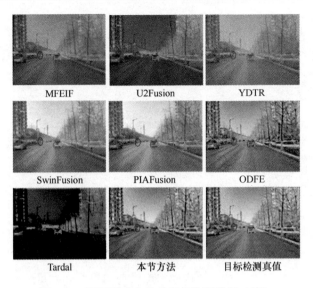

图 4.26 不同融合方法的目标检测结果（续）

4.4 小结

在本节中通过探索多域特征对齐来缓解域差异所带来的影响。第一类域差异来自成像机制不同的传感器所造成的相同物体之间的重要信息差异，平等地对多源图像进行特征提取很容易导致重要特征丢失。为解决这一问题，在 4.2 节中，本章提出了一种自监督策略来实现特征自适应，首先利用编码器从红外和可见光图像中提取特征，然后利用两个带有注意力机制块的解码器，以自监督的方式重构源图像，迫使自适应的特征包含源图像的重要信息，避免了多源图像特征域差异引起的重要特征的丢失。第二类域差异来自联合后续高级任务及融合任务时，后续高级任务（如目标检测）是一个区域级别的任务而图像融合任务是一个像素级别的任务，这种差异会导致目标检测特征与图像融合特征不能很好地匹配，使得两任务不能很好地兼容。为解决这一问题，在 4.3 节中探索了利用元特征嵌入来消除目标检测特征与图像融合特征不匹配的问题，提出了一种通过目标检测的元特征嵌入的红外和可见光图像融合方法，其核心思想是设计元特征嵌入模型，通过模拟元特征学习进行优化，根据融合网络的能力生成对象语义特征，从而使语义特征与融合特征自然兼容。基于 4.2 节中利用自监督策略来进行红外与可见光图像间域适应的思想，读者可以进一步探索自监督策略在其他多源图像处理任务的应用。同时，在 4.3 节中提到的基于元特征嵌入的思想除应用在目标检测任务外，还可以扩展到其他高级任务中（如语义分割任务），以缓解高级任务特征与图像融合特征不能很好地匹配的问题。

4.3 节中提出的方法适用于待融合的图像特征间存在着较大的域差异的情况，如融合可见光图像与红外图像时，可见光图像主要表示具有详细内容纹理的反射光信息，而红外图像则表示具有高对比度像素强度的热辐射信息，相较于其他方法，提出方法的融合结果能够较好地保留热辐射信息和纹理信息。在 4.4 节中提出的方法能克服高级任务特征与图像融合特征不匹配导致两任务不能很好地兼容的问题，适用于不仅希望获得一幅高视觉质量的图像，而且希望融合的图像能够有利于后续的高级任务的场景。

参 考 文 献

[1] ZHAO F, ZHAO W, YAO L, et al. Self-supervised feature adaption for infrared and visible image fusion[J]. Information Fusion, 2021, 76: 189-203.

[2] ZHAO W D, XIE S G, ZHAO F, et al. MetaFusion: infrared and visible image fusion via meta-feature embedding from object detection[C]// Institute of Electrical and Electronics Engineers, IEEE/CVF Conference on Computer Vision and Pattern Recognition, Vancouver, 2023: 13955-13965.

[3] MA J, XU H, JIANG J, et al. DDcGAN: a dual-discriminator conditional generative adversarial network for multi-resolution image fusion[J]. IEEE Transactions on Image Processing, 2020, 29: 4980-4995.

[4] ZHANG H, XU H, XIAO Y, et al. Rethinking the image fusion: a fast unified image fusion network based on proportional maintenance of gradient and intensity[C]//Association for the Advancement of Artificial Intelligence, AAAI conference on artificial intelligence, New York, 2020, 34（7）: 12797-12804.

[5] ZHANG Y, LIU Y, SUN P, et al. IFCNN: a general image fusion framework based on convolutional neural network[J]. Information Fusion, 2020, 54: 99-118.

[6] MA J Y, YU W, LIANG P W, et al. FusionGAN: a generative adversarial network for infrared and visible image fusion[J]. Information fusion, 2019, 48: 11-26.

[7] LI H, WU X, DURRANI T S. Infrared and visible image fusion with resnet and zero-phase component analysis[J]. Infrared Physics & Technology, 2019, 102: 103039.

[8] ZHONG R, FU Y, SONG Y, et al. DenseFuse: a fusion approach to infrared and visible images with gabor filter and sigmoid function[J]. Infrared Physics & Technology, 2023, 131: 104696.

[9] LI H, WU X J, KITTLER J. Infrared and visible image fusion using a deep learning framework[C]//2018 24th international conference on pattern recognition (ICPR). IEEE, Beijing, 2018: 2705-2710.

[10] Li H, Wu X J. Infrared and visible image fusion using a novel deep decomposition method[J]. arXiv, 2018, 1-14.

[11] LIU Y, CHEN X, CHENG J, et al. Infrared and visible image fusion with convolutional neural networks[J]. International Journal of Wavelets, Multiresolution and Information Processing, 2018, 16（3）: 1850018.

[12] YANG Y, ZHOU H, ZHANG W, et al. Image fusion via domain and feature transfer[C]//Institute of Electrical and Electronics Engineers, 2019 IEEE Intl Conf on Parallel & Distributed Processing with Applications, Big Data & Cloud Computing, Sustainable Computing & Communications, Social Computing & Networking (ISPA/BDCloud/SocialCom/SustainCom), Xiamen, IEEE, 2019: 1168-1172.

[13] MA J Y, LIANG P W, YU W, et al. Infrared and visible image fusion via detail preserving adversarial learning[J]. Information Fusion, 2020, 54: 85-98.

[14] RAM PRABHAKAR K, SAI SRIKAR V, VENKATESH BABU R. DeepFuse: a deep unsupervised approach for exposure fusion with extreme exposure image pairs[C]//Institute of Electrical and Electronics Engineers, IEEE international conference on computer vision, Venice, 2017: 4714-4722.

[15] MA K, LI H, YONG H, et al. Robust multi-exposure image fusion: a structural patch decomposition approach[J]. IEEE Transactions on Image Processing, 2017, 26（5）: 2519-2532.

[16] LI H, MA K, YONG H, et al. Fast multi-scale structural patch decomposition for multi-exposure image fusion[J]. IEEE Transactions on Image Processing, 2020, 29: 5805-5816.

[17] KINGA D, ADAM J B. A method for stochastic optimization[C]//Computer Science Bibliography, International conference on learning representations (ICLR), San Diego, 2015, 5: 6.

[18] ZHAO W, LU H, WANG D. Multisensor image fusion and enhancement in spectral total variation domain[J]. IEEE Transactions on Multimedia, 2017, 20（4）: 866-879.

[19] NAVA R, CRISTOBAL G, ESCALANTE-RAMREZ B. Mutual information improves image fusion quality assessments[J]. SPIE News Room, 2007, 34: 94-109.

[20] ZHENG Y, ESSOCK E A, HANSEN B C, et al. A new metric based on extended spatial frequency and its application to DWT based fusion algorithms[J]. Information Fusion, 2007, 8（2）: 177-192.

[21] HAN Y, CAI Y, CAO Y, et al. A new image fusion performance metric based on visual information fidelity[J]. Information fusion, 2013, 14（2）: 127-135.

[22] MA J Y, CHEN C, LI C, et al. Infrared and visible image fusion via gradient transfer and total variation minimization[J]. Information Fusion, 2016, 31: 100-109.

[23] LI S, KANG X, HU J. Image fusion with guided filtering[J]. IEEE Transactions on Image processing, 2013, 22（7）: 2864-2875.

[24] LIU Y, LIU S P, WANG Z F. A general framework for image fusion based on multi-scale transform and sparse representation[J]. Information fusion, 2015, 24: 147-164.

[25] LI H, QI X, XIE W. Fast infrared and visible image fusion with structural decomposition[J]. Knowledge-Based Systems, 2020, 204: 106-182.

[26] XU H, MA J, JIANG J, et al. U2Fusion: a unified unsupervised image fusion network[J]. IEEE Transactions on Pattern Analysis and Machine Intelligence, 2020, 44（1）: 502-518.

[27] LI J, HUO H T, LIU K J, et al. Infrared and visible image fusion using dual discriminators generative adversarial networks with wasserstein distance[J]. Information Sciences, 2020, 529: 28-41.

[28] LI J, HUO H, LI C, et al. Multigrained attention network for infrared and visible image fusion[J]. IEEE Transactions on Instrumentation and Measurement, 2020, 70: 1-12.

[29] LI J, HUO H, LI C, et al. AttentionFGAN: infrared and visible image fusion using attention-based generative adversarial networks[J]. IEEE Transactions on Multimedia, 2020, 23: 1383-1396.

[30] LIU Z, LIN Y, CAO Y, et al. Swin transformer: hierarchical vision transformer using shifted windows[C]//Institute of Electrical and Electronics Engineers, IEEE/CVF international conference on computer vision, Montreal, 2021: 10012-10022.

[31] RAGHU A, LORRAINE J, KORNBLITH S, et al. Meta-learning to improve pre-training[J]. Advances in Neural Information Processing Systems, 2021, 34: 23231-23244.

[32] 张勇, 金伟其. 夜视融合图像质量主观评价方法[J]. 红外与激光工程, 2013, 42（5）:6.

[33] 高绍姝, 金伟其, 王岭雪, 等. 图像融合质量客观评价方法[J]. 应用光学, 2011, 32（4）:7.

[34] 王洪斌, 肖嵩, 曲家慧, 等. 基于多分支CNN的高光谱与全色影像融合处理[J]. 光学学报, 2021, 41（7）:9.

[35] HAN G, HUANG S, MA J, et al. Meta Faster R-CNN: towards accurate few-shot object detection with attentive feature alignment[C]//Association for the Advancement of Artificial Intelligence, AAAI Conference on Artificial Intelligence, Vancouver, 2022, 36（1）: 780-789.

[36] SIMONYAN K, ZISSERMAN A. Very deep convolutional networks for large-scale image

recognition[J]. arxiv, 2014, 1-14.

[37] LIU J, FAN X, HUANG Z, et al. Target-aware dual adversarial learning and a multi-scenario multi-modality benchmark to fuse infrared and visible for object detection[C]//Institute of Electrical and Electronics Engineers, IEEE/CVF Conference on Computer Vision and Pattern Recognition, New Orleans, 2022: 5802-5811.

[38] TOET A. The TNO multiband image data collection[J]. Data in brief, 2017, 15: 249-251.

[39] MA J, TANG L, FAN F, et al. SwinFusion: cross-domain long-range learning for general image fusion via swin transformer[J]. IEEE/CAA Journal of Automatica Sinica, 2022, 9（7）: 1200-1217.

[40] MA J J, ZHANG H, SHAO Z F, et al. GANMcC: a generative adversarial network with multi- classification constraints for infrared and visible image fusion[J]. IEEE Transactions on Instrumentation and Measurement, 2020, 70: 1-14.

[41] LIU J, FAN X, JIANG J, et al. Learning a deep multi-scale feature ensemble and an edge-attention guidance for image fusion[J]. IEEE Transactions on Circuits and Systems for Video Technology, 2021, 32（1）: 105-119.

[42] TANG W, HE F, LIU Y. YDTR: Infrared and visible image fusion via y-shape dynamic transformer[J]. IEEE Transactions on Multimedia, 2022.

[43] TANG L F, YUAN J T, ZHANG H, et al. PIAFusion: a progressive infrared and visible image fusion network based on illumination aware[J]. Information Fusion, 2022, 83: 79-92.

第 5 章 小样本遥感目标识别

5.1 引言

遥感目标识别作为遥感图像分析领域的核心任务之一,旨在从遥感图像中准确识别感兴趣的目标,在军事侦察、城市规划、环境监测等领域都有着重要的应用价值。本章介绍的目标识别与第 3 章和第 4 章介绍的图像融合任务有着密切的协同关系,它们通常相互协同以提高彼此对复杂场景的处理能力。图像融合通过整合来自多个源头的信息,能够提高对图像场景的全面理解,这种全面理解可以为目标识别提供更丰富、更准确的输入,从而增强了目标识别系统的性能。另外,目标识别结果也能为图像融合提供关键信息,对图像融合模型起到一定的引导作用,从而提高融合的效果。这种相互关系强调了在综合性视觉系统中协调图像融合和目标识别的重要性。

现有的目标识别框架通过利用大量标记样本来为模型提供出色的性能。然而,这些模型是依赖大规模标记数据集进行训练的,而在实际场景中,获取大量标注详细的遥感样本数据往往成本昂贵且耗时烦琐。一方面,一些遥感图像由于物体稀缺而难以获取,如航空母舰。另一方面,遥感标签的获取需要专业的人工标注,成本高且费时费力。因此,当依赖大量样本进行训练的深度学习模型应用于有限的遥感图像时,其目标识别精度和泛化性能都会下降。因此小样本遥感目标识别逐渐成为遥感图像分析领域中备受关注的研究方向。小样本遥感目标识别任务需要对有限样本进行充分利用,在数据量稀缺的情境下提高遥感目标识别的性能。

一般来说,解决小样本问题有三种方案:元学习、数据增强和迁移学习。元学习[1-3]旨在让深度网络具备学习"如何学习"的能力,从而使它们能够快速适应少量样本的新分类任务。然而,元学习训练过程过于复杂,难以训练。数据增强[4-6]通过一些方法增加样本数量,如图像风格转换。然而,增强图像的质量参差不齐,训练结果容易受到合成图像质量的影响。迁移学习[7-9]是先用大样本训练骨干网,然后用小样本微调骨干网。然而,传统的迁移学习由于样本不足而容易引入噪声。本章旨在深入探讨小样本遥感目标识别任务的关键问题和挑战,并基于先进的深度学习方法提出了两种解决方案。5.2 节基于多样性一致性学习提出了一种协作蒸馏的遥感目标识别方法[10],利用多样性生成模型作为教师模型生成多样化的结果,然后引入循环一致性蒸馏模型将各种伪标签的知识蒸馏到学生网络中,从而提高学生模型的识别精度。5.3 节提出了一种弱相关蒸馏学习框架[11],使用在大规模自然图像数据集上预训练过的识别模型作为教师模型,并使用小规模遥感数据集对教师模型进行微调,然后从教师模型中选择弱相关特征蒸馏到学生模型中,以此抵消噪声特征带来的影响,从而提高学生模型的表现。5.4 节主要对本章提出的两种小样本遥感目标识别方法的应用前景进行了简单介绍,并对本章内容进行了整体总结。

5.2 协作蒸馏的遥感目标识别

5.2.1 方法背景

半监督学习是利用大规模无标记样本解决有限标记问题的有效途径。半监督学习方法主要分为伪标签方法[12-16]和一致性正则化方法[17-19]。一方面，伪标签方法通过对未标记的数据使用预先训练好的网络来生成伪真值，然后将生成的伪真值和标记的数据联合用于训练网络。但是，部分不准确的伪真值不利于网络的预测性能。另一方面，一致性正则化方法限制了由不同扰动的无标记数据生成的网络输出的一致性，从而增强了网络特征提取能力。然而，一致性正则化方法依赖于数据扰动的有效性。

与上述方法不同的是，本节基于多样性一致性学习（Diversity Consistency Learning，DCL）提出了协作蒸馏的遥感目标识别方法，以解决标记数据有限的问题。具体来说，DCL由多样性生成模型（Diversity Generation Model，DGM）和循环一致性蒸馏模型（Round Consistency Distillation Model，RCDM）组成。DGM侧重于用标记样本生成各种伪标签。由于不同的伪标签误差可以相互抵消，因此提高了预测精度。随后的 RCDM 以循环一致性的方式将不同的伪标签与未标记的样本蒸馏到学生模型。因此，学生模型将产生高精度的预测结果，从而缓解有限的标签问题。

更具体地说，给定标记样本 D_L 和未标记样本 D_U 的训练数据集，本节的模型经过两个阶段的训练。在第一个阶段，将 DGM 设计为教师模型，使用标记样本 D_L 进行训练，生成各种伪标签。在结构上，DGM 利用一个编码器进行特征提取，之后利用多个分类头 $\{h_1, h_2, \cdots, h_M\}$ 进行伪标签预测。特别地，本节提出了特征多样性损失来增强生成的伪标签的多样性。在第二个阶段，RCDM 将各种伪标签的知识提取到学生模型中，其中学生模型与教师模型具有相同的编码器和一个分类头，但参数不同。不同于现有的蒸馏方法[20-23]，多个分类头 $\{h_1, h_2, \cdots, h_M\}$ 用循环一致性的方法提取到学生模型。因此，在有限的标注数据下，学生模型可以得到高精度的预测结果。如图 5.1 所示，与渐进式域扩展网络（PDEN）[24]和矩交换（MoEx）[25]这些先进的方法相比，本节方法在 FS23 和 HRSC2016 数据集上分别将最高准确率提高了 5.94%、6.43%和 4.85%、1.83%。

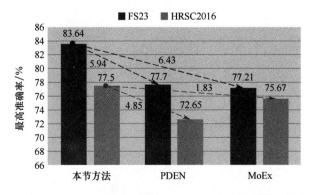

图 5.1　不同方法在 FS23 数据集[26]和 HRSC2016 数据集[27]上的性能比较

本节的主要内容如下。

（1）尝试研究有限标签的遥感目标识别，并提出了一个 DCL 框架。

（2）设计 DGM 在有限标记样本的情况下生成多样化的伪标签，然后采用循环一致性蒸馏（Round Consistency Distillation，RCD）将多样化的伪标签提取到未标记样本的学生模型中，不同的伪标签误差可以相互抵消，从而提高预测精度。

（3）在两个广泛使用的数据集上进行大量实验，证明了本节方法与现有方法相比的有效性。

5.2.2 协作蒸馏的遥感目标识别网络模型

5.2.2.1 模型框架

由于标记样本有限，遥感目标识别性能精度不高。半监督学习是解决这一问题的突出途径，其中伪标签方法和一致性正则化方法是代表性的研究成果。如图 5.2（a）所示，伪标签方法首先用标记样本训练辅助模型，然后用该模型为每个输入的未标记样本生成伪真值，训练主模型。由于每个输入只生成一个伪标签，因此生成的伪标签缺乏多样性。此外，网络性能容易受到部分不准确伪真值的影响。如图 5.2（b）所示，一致性正则化方法约束了未标记样本及其扰动产生的输出的一致性。然而，扰动操作是相对随机的，这可能会限制性能。

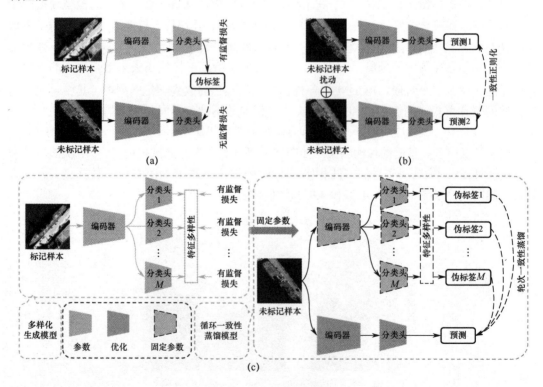

图 5.2 DCL 动机与框架

基于以上讨论，本节提出了 DCL 框架，包括 DGM 和 RCDM，如图 5.2（c）所示。DGM 包含一个编码器结构，结合了多分类头，这些分类头以监督的方式用少量标记样本训练。为了增强分类头的多样性，本节首先建立了负相关特征约束，其次提出了利用多元互补信息提高识别精度的 RCDM。具体来说，利用 DGM 为每个未标记样本生成多样化的伪标签，然后采用 RCD 方法将大量多样化的伪标签信息和大规模未标记样本蒸馏到学生模型。具体介绍如下。

5.2.2.2 多样化生成模型 DGM

DGM 的结构说明如图 5.3 所示，它用小尺度的标记样本 $D_L=\{(d_1^1,g_1),\cdots,(d_N^1,g_N)\}$ 训练，其中 d_n^1 表示空间维数为 $H\times W$ 的第 n 个标记样本，g_n 为 d_n^1 的标记，并且 $g_n\in\mathbf{R}^{C\times 1}$ 有 C 个类别。具体来说，DGM 由编码器 E 和多个分类头 $\{H_1,H_2,\cdots,H_M\}$ 组成，其中 M 表示分类头号。E 包含 ResNet50[28]的前三个残差块，H_M 使用第四个残差块（RB_M）和全连接层（f_M）。

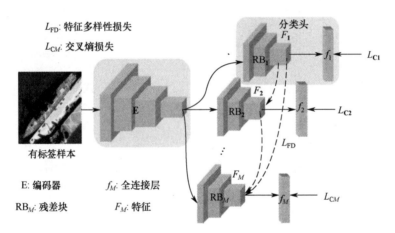

图 5.3　DGM 的结构说明

然后，设计特征多样性损失 L_{FD} 来增强分类头的多样性，使得由残差块 $\{RB_1, RB_2,\cdots,RB_M\}$ 产生的特征 $\{F_1,F_2,\cdots,F_M\}$ 是离散的，如下所示：

$$L_{FD}=\sum_{i=1}^{M}\sum_{j=1}^{M}\cos\left(\frac{F_iF_j}{|F_i\|F_j|}\right)_{(i\neq j)} \tag{5.1}$$

另外，利用交叉熵损失 L_{Cn} 对第 n 个样本的多分类头的预测输出 $p_1,p_2,\cdots,p_M$ 进行监督，定义为

$$L_{Cn}=-\sum_{m=1}^{M}p_m\log g_m \tag{5.2}$$

式中，m 表示第 n 个样本的第 m 个分类头；g_m 表示第 m 个分类头的真值。

因此，训练 DGM 的总损失 L_{DGM} 表示为

$$L_{\text{DGM}} = \sum_{n=1}^{N}(\omega L_{\text{FD}_n} + L_{\text{C}n}) \tag{5.3}$$

式中，N 为样本数量；ω 为调整特征多样性的权重。

5.2.2.3 循环一致性蒸馏模型 RCDM

现在，可以通过向训练好的 DGM 中输入未标记样本来获得 M 个预测。因此，如何有效地利用 M 个预测进行最终的预测输出，仍然是一个亟待解决的难题。

与在标记样本上训练的 DGM 不同，RCDM 使用大规模未标记数据 $D_U = d_1^u, d_2^u, \cdots, d_K^u$。注意，$D_U$ 中的样本数量 K 远远大于 D_L 中的标记样本数量 $N(K \gg N)$。为了简单起见，本节使用一个未标记样本来阐明 RCD 程序。给定 d_K^u，预先训练的 DGM 通过多分类头 $\{H_1, H_2, \cdots, H_M\}$ 可以生成 M 个伪标签 $\{t_1^k, t_2^k, \cdots, t_M^k\}$。随后，如何传递伪标签 $\{t_1^k, t_2^k, \cdots, t_M^k\}$ 给学生模型以生成最终预测输出 O_k 仍然是关键的。

一个原始的想法是使用平均一致性蒸馏（Mean Consistency Distillation，MCD）。首先，伪标签 $\{t_1^k, t_2^k, \cdots, t_M^k\}$ 通过下面的公式平均：

$$\overline{t}^k = \frac{1}{M}\sum_{m=1}^{M} t_m^k \tag{5.4}$$

然后，利用交叉熵约束度量伪标签与预期预测的差异，公式如下：

$$L_{\text{MCD}} = -\sum_{k \in B} O_k \log \overline{t}^k \tag{5.5}$$

式中，B 表示一个批次；L_{MCD} 为 MCD 损失。

MCD 的优化过程如图 5.4（a）所示。以 $M = 3$ 为例，最终优化方向 ϕ_a 由 ϕ_1、ϕ_2 和 ϕ_3 的平均值决定，其中 ϕ_1、ϕ_2 和 ϕ_3 对应于伪标签 t_1^k、t_2^k 和 t_3^k 约束的优化方向。然而，这种一步优化可能得不到最优优化方向（存在较大的方向误差 ϕ_e）。

因此，本节进一步设计了 RCD，用伪标签 $\{t_1^k, t_2^k, \cdots, t_M^k\}$ 不断优化学生网络。具体而言，训练良好的 DGM 首先为未标记样本生成 M 个伪标签，然后使用 M 个伪标签以循环一致性的方式监督学生模型，其公式如下：

$$\begin{aligned} L_{\text{RCD}}(\phi_1) &= -\sum_{k \in B} O_k \log t_1^k \rightarrow \\ L_{\text{RCD}}(\phi_2) &= -\sum_{k \in B} O_k \log t_2^k \rightarrow \\ &\cdots \rightarrow \\ L_{\text{RCD}}(\phi_M) &= -\sum_{k \in B} O_k \log t_M^k \end{aligned} \tag{5.6}$$

式中，L_{RCD} 为 RCD 损失；→表示优化顺序，指向下一次优化。

从结构上来讲，学生模型由编码器 E_S 和分类头 H_S 组成。E_S 和 H_S 分别采用与 DGM 的编码器和分类头相同的结构。如图 5.4（b）所示，优化方向 ϕ_1、ϕ_2 和 ϕ_3 逐渐逼近目标优化方向，从而获得了较小的方向误差 ϕ_e'。

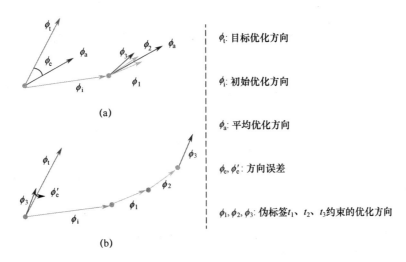

图 5.4 MCD 和 RCD 的优化方向图

5.2.3 模型训练

模型框架的优化过程包括两个阶段，如算法 5.1 所述。第一个阶段是使用小尺度标记样本数据集 D_L 训练 DGM，以 L_{DGM} 为损失函数。第二个阶段是使用大规模未标记数据集 D_U 训练 RCDM。具体来说，经过良好训练的 DGM 首先在第一个阶段生成各种伪标签，然后将这些伪标签传递给学生模型，从而由 RCD 生成最终的预测输出。

算法 5.1　框架优化过程
输入：标记数据集 D_L 和未标记数据集 D_U
阶段 1：用 D_L 训练多样性生成模型（DGM）
1. 利用式（5.3）优化 DGM
阶段 2：利用 D_U 训练循环一致性蒸馏模型（RCDM）
2. 通过训练好的 DGM 生成不同的伪标签
3. 通过式（5.6）优化 RCDM
输出：学生模型参数

5.2.4 实验

5.2.4.1 实验设置

（1）数据集。实验使用 FS23[26] 和 HRSC2016[27] 两个广泛使用的遥感分类数据集。FS23 数据集包含 23 个大类，HRSC2016 数据集包含 24 个大类。本节使用少量的标记样本和大量未标记样本来训练模型。具体而言，从 FS23 数据集中选取 1069 个标记训练样本、3256 个未标记训练样本和 825 个测试样本。从 HRSC2016 数据集中选取 465 个标记训练样本、1220 个未标记训练样本和 929 个测试样本。FS23 数据集的统计数据和 HRSC2016 数据集的统计数据分别如表 5.1 和表 5.2 所示。

表 5.1　FS23 数据集的统计数据

标　识	类　　别	标记训练样本	未标记训练样本	测　试　样　本
F0	无船舶	128	387	97
F1	航空母舰	43	132	34
F2	驱逐舰	144	434	108
F3	登陆艇	28	86	22
F4	护卫舰	78	236	59
F5	两栖运输码头	23	72	18
F6	巡洋舰	77	234	59
F7	塔拉瓦级两栖攻击舰	23	70	18
F8	两栖攻击舰	40	123	31
F9	指挥舰	23	71	18
F10	潜艇	63	190	48
F11	医疗船	5	17	10
F12	战斗艇	37	114	29
F13	辅助舰船	59	180	45
F14	集装箱船	26	81	20
F15	汽车运输船	19	58	14
F16	气垫船	31	96	24
F17	散货船	91	274	69
F18	油轮	43	132	33
F19	渔船	27	82	20
F20	客船	23	70	18
F21	液化气船	24	74	20
F22	驳船	14	43	11

表 5.2　HRSC2016 数据集的统计数据

标　识	类　　别	标记训练样本	未标记训练样本	测　试　样　本
H0	船舶	91	276	167
H1	战舰	12	24	13
H2	尼米兹级航空母舰	11	36	23
H3	企业级航空母舰	10	15	10
H4	阿利·伯克级驱逐舰	60	183	124
H5	威德比岛级登陆舰	15	46	41
H6	佩里级护卫舰	33	100	111
H7	圣安东尼奥级两栖船坞运输舰	13	21	17
H8	提康德罗加级巡洋舰	35	106	94
H9	俄罗斯库兹涅佐夫号航空母舰	5	5	2
H10	奥斯汀级两栖船坞运输舰	12	38	32
H11	塔拉瓦级两栖攻击舰	21	66	38

(续表)

标 识	类 别	标记训练样本	未标记训练样本	测 试 样 本
H12	集装箱船	15	19	15
H13	指挥舰	11	36	33
H14	汽车运输船	5	5	3
H15	气垫船	12	39	44
H16	游艇	5	5	1
H17	货船	40	122	88
H18	邮轮	6	6	4
H19	潜艇	12	26	36
H20	琵琶形军舰	3	3	2
H21	医疗船	11	11	10
H22	运输船	16	21	13
H23	中途号航空母舰	11	11	8

（2）实施细节。实验使用 PyTorch 在 GTX 1080Ti GPU 上进行。使用动量为 0.9 的 SG 优化器。批量大小为 8，输入图像为 224 像素×224 像素。DGM 使用 ResNet50 的参数进行初始化，初始权值衰减设置为 1×10^{-3}，每 30 个 epoch 减小为 1/10，总的训练周期为 100。权重衰减设置为 1×10^{-4}，而 RCDM 的总训练周期为 100。

5.2.4.2 消融实验

（1）分类头数量。DGM 构建多个分类头，生成不同的结果，从而提高目标识别精度。在这里，本节研究分类头的数量。实验建立在 FS23 数据集上，使用标记的训练样本来训练配备不同数量分类头的 DGM。DGM 模块分类头数量研究如表 5.3 所示，表中列出了 FS23 数据集各类别的分类准确率，其中"DGM_N"表示带有 N 个分类头的 DGM 模块，OA 表示整体的分类准确率。可以看出，更多的分类头可以获得更好的性能。综合考虑性能和存储，本节选择了具有三个分类头的 DGM（DGM_3）进行实验。

表 5.3 DGM 模块分类头数量研究

设 置	DGM_1	DGM_2	DGM_3	DGM_4
OA	81.7%	82.7%	83.1%	84.3%
F0	79.4%	87.6%	86.6%	92.5%
F1	88.2%	91.2%	90.2%	91.9%
F2	85.2%	82.4%	84.9%	87.2%
F3	72.7%	75.0%	74.2%	86.4%
F4	89.8%	93.2%	93.8%	91.1%
F5	77.8%	58.3%	59.3%	55.6%
F6	83.1%	89.8%	86.9%	85.1%
F7	72.2%	88.9%	90.7%	81.9%
F8	93.5%	85.4%	95.7%	99.2%

（续表）

设 置	DGM_1	DGM_2	DGM_3	DGM_4
F9	61.1%	91.6%	88.9%	81.9%
F10	93.8%	94.8%	93.1%	92.7%
F11	90.0%	95.0%	86.7%	90.0%
F12	82.8%	81.0%	82.7%	83.6%
F13	71.1%	60.0%	60.0%	73.9%
F14	80.0%	80.0%	81.7%	85.0%
F15	100.0%	100.0%	83.3%	82.1%
F16	100.0%	100.0%	100.0%	100.0%
F17	71.0%	66.7%	79.2%	68.8%
F18	81.8%	84.8%	71.7%	75.7%
F19	45.0%	30.0%	35.0%	43.7%
F20	55.6%	72.3%	68.5%	62.5%
F21	100.0%	100.0%	93.3%	100.0%
F22	100.0%	100.0%	100.0%	100.0%

（2）特征多样性的影响。在训练 DGM 阶段，加入特征多样性损失 L_{FD} 来增强分类头的多样性。因此，在式（5.3）中，使用权重 ω 来调整特征多样性，ω 越大，模型产生的特征多样性就越大。在这里，本节讨论了设置不同的 ω 对特征多样性的影响。由表 5.4 可以看出，ω 越大，分类准确率越高，如 $\omega=1.00$ 的分类准确率最高，达到 83.1%。但当 $\omega=5.00$ 时，分类准确率下降，原因可能是过多的特征多样性会包含噪声，从而影响分类性能。

表 5.4　FS23 数据集上特征多样性的影响

ω	0.01	0.10	1.00	5.00
OA	82.9%	83.0%	83.1%	80.7%
F0	88.7%	84.5%	86.6%	79.7%
F1	87.2%	92.2%	90.2%	85.3%
F2	85.8%	87.0%	84.9%	86.4%
F3	75.8%	81.8%	74.2%	77.3%
F4	93.2%	91.5%	93.8%	89.8%
F5	64.8%	51.9%	59.3%	59.3%
F6	86.4%	78.0%	86.9%	80.8%
F7	81.5%	77.8%	90.7%	68.5%
F8	94.6%	90.3%	95.7%	94.6%
F9	83.3%	83.3%	88.9%	83.3%
F10	86.1%	100.0%	93.1%	95.1%
F11	100.0%	76.7%	86.7%	23.3%
F12	91.9%	86.2%	82.7%	82.8%
F13	62.9%	69.8%	60.0%	72.6%

(续表)

ω	0.01	0.10	1.00	5.00
F14	85.0%	75.0%	81.7%	85.0%
F15	85.7%	88.1%	83.3%	83.3%
F16	100.0%	100.0%	100.0%	100.0%
F17	76.3%	72.5%	79.2%	76.3%
F18	76.8%	86.9%	71.7%	75.8%
F19	23.3%	45.0%	35.0%	31.7%
F20	55.6%	61.1%	68.5%	51.8%
F21	95.0%	100.0%	93.3%	95.0%
F22	100.0%	100.0%	100.0%	100.0%

（3）循环一致性蒸馏的影响：5.2.2.3 节介绍了两种利用 M 个伪标签优化学生模型的方法，即 MCD 和 RCD。MCD 可一步求出优化的方向，而 RCD 逐步使优化方向接近目标优化方向。表 5.5 给出了 FS23 数据集上 MCD 和 RCD 的分类结果。RCD 达到了较好的 83.6% 的分类准确率，这说明了优化方向逐步接近目标优化方向，能够更好地优化学生模型。

表 5.5 FS23 数据集上 MCD 和 RCD 的分类结果

方　法	MCD	RCD	方　法	MCD	RCD
OA	83.0%	83.6%	F11%	70.0%	60.0%
F0	89.7%	83.5%	F12%	86.2%	82.8%
F1	88.2%	85.3%	F13%	55.6%	60.0%
F2	84.3%	84.3%	F14%	75.0%	75.0%
F3	77.3%	77.3%	F15%	85.7%	85.7%
F4	93.2%	93.2%	F16%	100.0%	100.0%
F5	66.7%	77.8%	F17%	72.5%	87.0%
F6	86.4%	86.4%	F18%	78.8%	72.7%
F7	100.0%	100.0%	F19%	30.0%	35.0%
F8	96.8%	96.8%	F20%	66.7%	66.7%
F9	88.9%	88.9%	F21%	100.0%	95.0%
F10	93.8%	97.9%	F22%	100.0%	100.0%

5.2.4.3 对比实验

本节将提出的 DCL 模型与四种 SOTA 方法进行比较，包括 LTD（Learning-To-Diversity）[30]、MoEx[25]、PDEN[24] 和渐进式多粒度训练（Progressive Multi-Granularity training, PMG）[29]，并且按照著者论文中设定的实验参数进行实验。

（1）FS23 数据集：表 5.6 显示了本节方法和现有方法在 FS23 数据集上的对比结果。本节方法达到了 83.6% 的分类准确率，与现有方法相比分类准确率最高。具体来说，本节方法相比于 PMG、MoEx、PDEN 和 LTD 分别提高了 4.6%、6.4%、5.9% 和 3.1%。

表 5.6 本节方法和现有方法在 FS23 数据集上的对比结果

方 法	LTD	MoEx	PDEN	PMG	本节方法
OA	80.5%	77.2%	77.7%	79.0%	83.6%
F0	87.6%	87.6%	93.8%	88.7%	83.5%
F1	88.2%	64.7%	88.2%	88.2%	85.3%
F2	86.1%	92.6%	84.3%	77.8%	84.3%
F3	77.3%	72.7%	81.8%	81.8%	77.3%
F4	88.1%	94.9%	86.4%	88.1%	93.2%
F5	77.8%	55.6%	61.1%	55.6%	77.8%
F6	78.0%	76.3%	86.4%	79.7%	86.4%
F7	94.4%	72.2%	83.3%	83.3%	100.0%
F8	93.5%	93.5%	93.5%	96.8%	96.8%
F9	55.6%	66.7%	77.8%	72.2%	88.9%
F10	89.6%	83.3%	85.4%	89.6%	97.9%
F11	20.0%	80.0%	20.0%	100.0%	60.0%
F12	93.1%	75.9%	69.0%	58.6%	82.8%
F13	55.6%	53.3%	37.8%	48.9%	60.0%
F14	75.0%	65.0%	75.0%	70.0%	75.0%
F15	85.7%	85.7%	64.3%	100.0%	85.7%
F16	100.0%	100.0%	83.3%	95.8%	100.0%
F17	73.9%	71.0%	73.9%	75.4%	87.0%
F18	75.8%	48.5%	69.7%	63.6%	72.7%
F19	30.0%	10.0%	30.0%	50.0%	35.0%
F20	61.1%	44.4%	44.4%	61.1%	66.7%
F21	100.0%	100.0%	90.0%	100.0%	95.0%
F22	90.9%	100.0%	90.9%	90.9%	100.0%

（2）HRSC2016：在 HRSC2016 数据集上进一步验证了方法的泛化性。学生模型在 HRSC2016 数据集中使用标记样本进行训练，其中编码器使用在 FS23 数据集上训练所得到的参数进行初始化。如表 5.7 所示，本节方法的分类准确率最高，为 77.5%。

表 5.7 本节方法和现有方法在 HRSC2016 数据集上的对比结果

方 法	LTD	MoEx	PDEN	PMG	本节方法
OA	77.3%	75.7%	72.7%	76.6%	77.5%
H0	62.3%	73.1%	58.1%	64.7%	64.7%
H1	38.5%	0.0%	0.0%	7.7%	7.7%
H2	52.2%	60.9%	56.5%	52.2%	52.2%
H3	60.0%	50.0%	60.0%	60.0%	60.0%
H4	90.3%	88.7%	92.7%	87.9%	83.9%
H5	78.0%	65.9%	70.7%	65.9%	63.4%
H6	93.7%	86.5%	82.9%	82.0%	92.8%

（续表）

方　法	LTD	MoEx	PDEN	PMG	本节方法
H7	76.5%	52.9%	76.5%	82.4%	82.4%
H8	84.0%	85.1%	87.2%	84.0%	86.2%
H9	50.0%	0.0%	0.0%	0.0%	50.0%
H10	87.5%	78.1%	78.1%	84.4%	87.5%
H11	86.8%	84.2%	73.7%	81.6%	78.9%
H12	73.3%	60.0%	33.3%	66.7%	73.3%
H13	51.5%	54.5%	57.6%	81.8%	72.7%
H14	66.7%	66.7%	66.7%	66.7%	66.7%
H15	95.5%	95.5%	86.4%	95.5%	97.7%
H16	100.0%	100.0%	0.0%	100.0%	100.0%
H17	68.2%	62.5%	72.7%	73.9%	70.5%
H18	50.0%	0.0%	0.0%	50.0%	50.0%
H19	91.7%	91.7%	80.6%	88.9%	97.2%
H20	0.0%	0.0%	0.0%	50.0%	50.0%
H21	90.0%	90.0%	60.0%	100.0%	100.0%
H22	61.5%	84.6%	76.9%	69.2%	69.2%
H23	50.0%	37.5%	25.0%	75.0%	75.0%

（3）可视化：FS23 数据集和 HRSC2016 数据集上不同方法的混淆矩阵分别如图 5.5 和图 5.6 所示。图 5.6（a）～图 5.6（e）分别表示 LTD、MoEx、PDEN、PMG 和本节方法。混淆矩阵中的数字表示将列的类别预测为行的类别的概率。在图 5.5 中，本节方法的总体效果优于现有方法的总体效果。注意，本节方法有很高的概率将 F19（Fishing-boat）误判为 F0（Nonship）。原因可能是 F19 的细节模糊，形状与 F0 相似。在图 5.6 中，与现有方法相比，本节方法在对角线位置上的预测值相对较高。另外，H9 和 H20 由于训练样本太少，容易被错误分类。

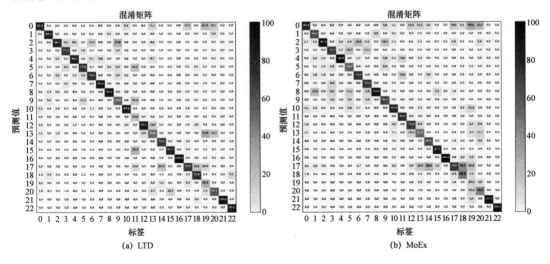

图 5.5　FS23 数据集上不同方法的混淆矩阵

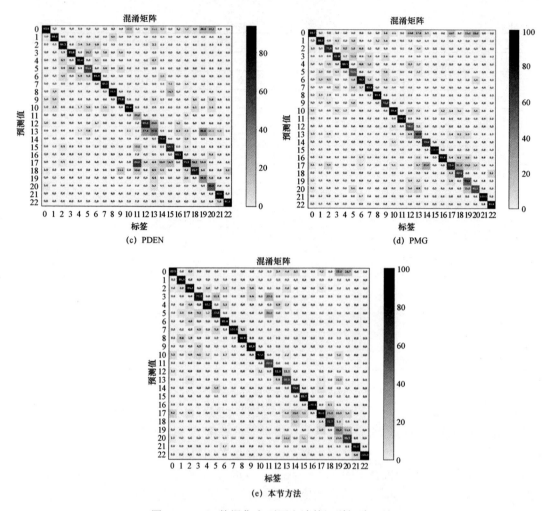

图 5.5 FS23 数据集上不同方法的混淆矩阵（续）

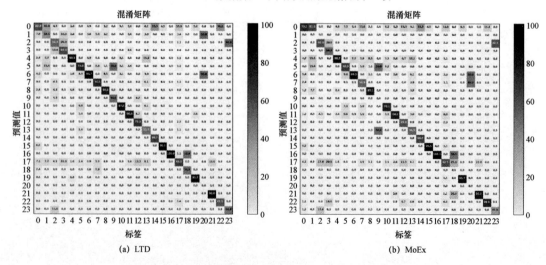

图 5.6 HRSC2016 数据集上不同方法的混淆矩阵

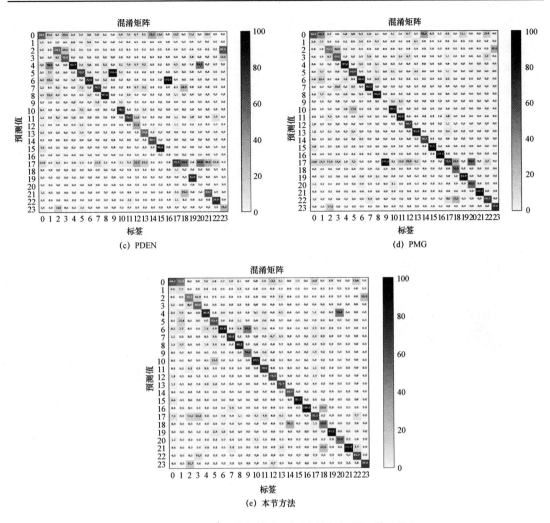

图 5.6 HRSC2016 数据集上不同方法的混淆矩阵(续)

(4)局限性:本节方法虽然使用有限的标签进行训练,但仍取得了良好的性能。然而,当标记样本非常少时,其性能会下降。如表 5.7 所示,H18 和 H20 的分类准确率均为 50%,因为它们的标记样本分别为 6 和 3。后续研究可以采用样本扩增法来缓解这一问题。

5.3 弱相关蒸馏的遥感目标识别

5.3.1 方法背景

知识蒸馏是解决小样本问题的一种有效方法,由于许多受益于大规模自然图像数据集的识别模型都实现了优越的特征提取能力,因此可以通过蒸馏学习来利用它们的特征提取能力。简单来说,教师模型首先从大量的自然图像样本中获取信息,然后将其提炼成用少量遥感图像样本训练的学生模型。传统的单教师蒸馏模型一般只向单个教师学习。无论教师的信息是有益的还是无用的,学生都接受它。多教师蒸馏模型提供了多个信息流来解释学生模型的任务,从而可以产生更好的性能。然而,由于遥感图像样本数量较少,教师模型在蒸馏过程中会产生带有噪声的特征,学生模型的性能下降。因此,如何从多教师模型中选择合适的教师模型来抑制噪声是一个关键问题。

为了解决这个问题,本节提出了一种弱相关蒸馏学习,从教师模型中选择弱相关特征来蒸馏学生模型,如图 5.7 所示。弱相关特征包含不同的噪声分布,可以相互抑制,进而提高蒸馏效果。模型的训练过程主要分为两个阶段:在第一个阶段,使用小型遥感数据集来微调教师模型的特征提取器和适配器;在第二个阶段,利用皮尔逊相关矩阵找出弱相关特征,然后将噪声特征被抑制的特征蒸馏到学生模型中。

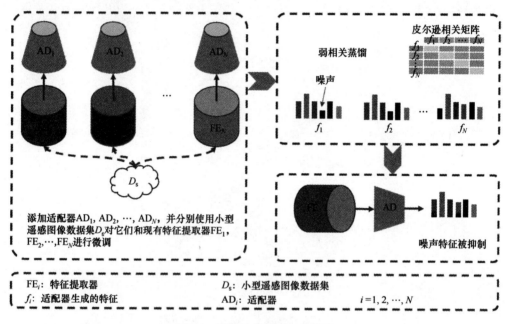

图 5.7 弱相关蒸馏学习示意图

具体来说,给定小型遥感图像数据集 D_S,选择 N 个不同的现有识别网络作为教师模型进行微调。由于原始模型仅适用于自然图像,因此将适配器 $\{AD_1, AD_2, \cdots, AD_N\}$ 添加到教师模型中以适应遥感图像。然后,使用 D_S 微调教师模型。然而,少量的遥感样本不足以充分训练模型,所以这些模型很容易产生大量的噪声特征。因此,本节计算每个教师模型的特征之间的皮尔逊相关矩阵。通过皮尔逊相关矩阵,将具有不同特征的弱相关教师模型提炼为学生模型,从而抵消噪声的影响。因此,学生模型可以在小型遥感图像数据集下获得高精度的预测结果。

本节的主要内容如下。

(1)研究小样本遥感物体识别问题,并提出一种弱相关蒸馏学习方法来解决这个问题。

(2)测量教师模型的特征关系,并选择弱相关的特征来提取学生模型,以抵消不同教师模型的噪声特征的影响。

（3）在 DOTA、HRRSD 和 NWPU VHR-10 这三个广泛使用的数据集上进行大量实验，证明本节方法的优越性。

5.3.2 弱相关蒸馏的遥感目标识别网络模型

本节提出了一个弱相关的蒸馏模型，旨在选择多个教师模型的弱相关特征来提炼学生模型。本节方法分为两个阶段：多教师生成和弱相关蒸馏。

5.3.2.1 多教师生成

由于有足够的自然图像样本，因此可以得到用于自然图像目标识别的高精度教师模型。随后，对教师模型进行微调，以提高其在小样本遥感图像数据集上的特征提取能力，如图 5.8 所示。

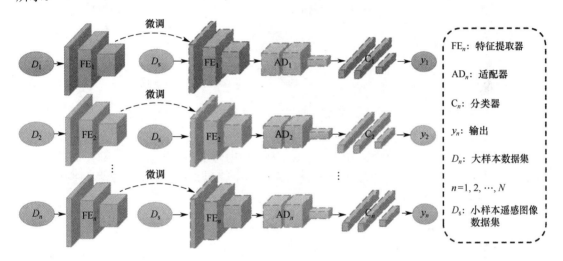

图 5.8 多教师生成示意图

具体来说，给定 N 个用大样本数据集 $\{D_1, D_2, \cdots, D_N\}$ 预训练的教师模型，使用小样本遥感图像数据集 $D_S = \{(d_1, g_1), \cdots, (d_N, g_N)\}$ 对这些教师模型进行微调，使它们适合于遥感目标识别，其中 $d_n(n=1,2,\cdots,N)$ 表示空间维度为 $H \times W$ 的第 n 个标记样本，$g_n(n=1,2,\cdots,N)$ 为 d_n 的标签，且 $g_n \in \mathbf{R}^{C \times 1}$ 有 C 个类别。此外，为了使教师模型适应遥感目标识别，在每个教师模型的特征提取器 FE_n 和分类器 C_n 之间增加了一个适配器 AD_n。

利用交叉熵损失 L_n 作为第 n 个教师模型的监督，定义如下：

$$L_n = -\sum_{i=1}^{M} y_i^n \log g_i^n \tag{5.7}$$

式中，M 为样本总数；y_i^n 为第 i 个样本的预测输出；g_i^n 为第 i 个样本的真值。

5.3.2.2 弱相关蒸馏

利用小样本遥感图像数据集微调的教师模型容易产生噪声，传统的多教师蒸馏采用随机蒸馏来选择教师模型，会导致结果不准确。因此，本节设计了弱相关蒸馏方法，如图 5.9

所示。将遥感样本输入多个教师模型生成多个特征，然后计算教师模型特征之间的皮尔逊相关矩阵。最后，选择相关系数最弱的两个特征来提取学生模型。

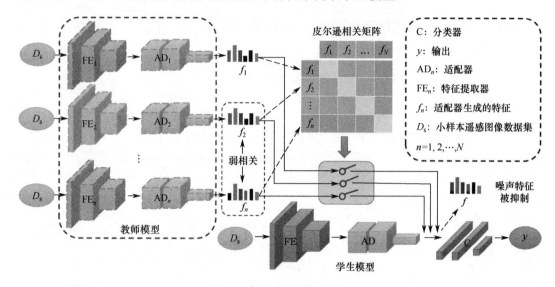

图 5.9　弱相关蒸馏示意图

经过观察可以发现，多个教师模型产生的噪声特征分布是不同的，可以采用特征相关性来衡量它们。如图 5.10 所示，图 5.10（a）表示使用两个弱相关特征 f_2 和 f_3 来提取学生模型，可以抑制噪声特征。图 5.10（b）表示使用两个强相关特征 f_1 和 f_2 来提取学生模型，会增强噪声特征。

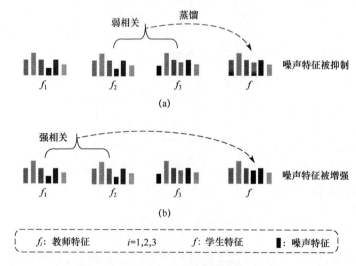

图 5.10　使用不同特征来提取学生模型

由图 5.10 可知，选择两个强相关的特征来提取学生模型，学生模型产生的噪声特征会因同一位置的噪声特征叠加而增强。相反地，如果选择两个弱相关的特征来提取学生模型，由于这两个噪声分布在不同位置，在叠加时会因为噪声特征的平均而相互抵消，从而使学生模型产生的噪声特征将被抑制。因此，本节利用皮尔逊相关矩阵来衡量特征相关性，然后动态地选择教师模型生成的两个弱相关特征来提取学生模型。此外，由于样本有限，教师模型提取的对象特征除噪声外可能不完整。以一艘船为例，一个教师模型可能无法提取其船头特征，而另一个教师模型可能无法提取其船尾特征。幸运的是，选择教师模型生成的弱相关特征进行蒸馏可以利用这些不同特征的互补性来提高性能。

具体来说，提取适配器 AD_n 之后的中间特征作为蒸馏的软标签。令 $X_S = \{x_1, x_2, \cdots, x_S\}$ 表示一个批量的样本，其中 S 是批量大小。X_S 被输入 N 个教师模型中以获得 N 个特征 $F_N = \{f_1, f_2, \cdots, f_N\}$，其中 $f_n \in \mathbf{R}^D$，D 是特征的维度。然后计算它们的皮尔逊相关矩阵 $A \in \mathbf{R}^{N \times N}$，计算公式如下：

$$A_{ij} = \frac{\sum_{d=1}^{D}(f_i^d - \overline{f_i})(f_j^d - \overline{f_j})}{\sqrt{\sum_{d=1}^{D}(f_i^d - \overline{f_i})^2}\sqrt{\sum_{d=1}^{D}(f_j^d - \overline{f_j})^2}} \tag{5.8}$$

式中，$\boldsymbol{f}_i = \{f_i^1, f_i^2, \cdots, f_i^D\}$、$\boldsymbol{f}_j = \{f_j^1, f_j^2, \cdots, f_j^D\}$ 为特征向量，$\overline{\boldsymbol{f}_i}$、$\overline{\boldsymbol{f}_j}$ 为特征向量 $\boldsymbol{f}_i$、$\boldsymbol{f}_j$ 的平均值，即 $\overline{\boldsymbol{f}_i} = \frac{1}{D}\sum_{d=1}^{D} f_i^d$，$\overline{\boldsymbol{f}_j} = \frac{1}{D}\sum_{d=1}^{D} f_j^d$。

为样本 m 选择相关系数最弱的两个特征 $\{f_{mi}, f_{mj}\}$ 来蒸馏学生模型（见图 5.9），蒸馏损失 L_{dis} 描述如下：

$$L_{\text{dis}} = \sum_{m=1}^{M}(f_m - f_{mi})^2 + \sum_{m=1}^{M}(f_m - f_{mj})^2 \tag{5.9}$$

式中，f_m 是学生模型生成的第 m 个样本的特征；M 是样本总数。

此外，还利用交叉熵损失 L_s 来监督学生模型，其定义为

$$L_s = -\sum_{m=1}^{M} y_m^s \log g_m^s \tag{5.10}$$

式中，y_m^s 是学生模型对第 m 个样本的输出；g_m^s 是相应的真值。

因此，学生模型的总体损失公式为

$$L_{\text{all}} = L_s + \beta L_{\text{dis}} \tag{5.11}$$

式中，β 是调整蒸馏的超参数。

5.3.3 模型训练

5.3.3.1 优化过程

考虑到效率，将教师模型的数量 N 设置为 3，即采用 ResNet50[28]、VGG16[31]、DenseNet121[32]作为主干。具体来说，选择 ResNet50 的前四个块、VGG16 的前五个块和 DenseNet121 的前四个块作为教师模型的特征提取器。然后分别添加适配器，适配器由两个 $3 \times 3 \times 512$ 的卷积层和一个全局平均池化层组成。此外，还添加了三个全连接层作为分类器，其大小分别为 512、512 和 10。学生模型的结构与相应的教师模型的结构相同。

模型框架的优化过程由两个阶段组成，如算法 5.2 所示。第一个阶段是使用小样本遥感图像数据集 D_s 对教师模型进行微调，并使用 L_s 作为损失函数。第二个阶段是固定教师模型并训练学生模型。首先，选择教师模型生成的弱相关特征；其次，使用总体损失 L_{all} 优化学生模型。

算法 5.2 所提出框架的优化过程

输入：小样本遥感图像数据集 D_s

阶段 1：使用 D_s 训练教师模型

1. 使用式（5.1）优化教师模型

阶段 2：固定教师模型并训练学生模型

2. 选择教师模型生成的弱相关特征
3. 使用式（5.5）优化学生模型

输出：学生模型的参数

5.3.3.2 数据集及实现细节

本节使用三个遥感分类数据集：从 Google Earth、GF-2 和 JL-1 卫星收集的 DOTA 数据集[33]，从 Google Earth 和百度地图收集的 HRRSD 数据集[34]，以及从 Google Earth 和 Vaihingen 收集的 NWPU VHR-10 数据集[35]。如表 5.8 所示，使用来自 DOTA 数据集的 1841 个训练样本来训练模型，分别使用来自 DOTA、HRRSD 和 NWPU VHR-10 的 23621、10092 和 3896 个测试样本来测试模型。为了验证所提出方法的目标识别准确性和泛化性，选择了三个数据集共享的十个公共类别，分别是棒球场、篮球场、桥梁、田径场、港口、飞机、船舶、车辆、储罐和网球场。大量样本可以帮助模型实现良好的目标识别性能，如参考文献[36]中内置了 97500 幅图像。相比之下，本节尝试探索小样本遥感目标识别，训练样本数量为 1841。

表 5.8 DOTA 数据集、HRRSD 数据集和 NWPU VHR-10 数据集各类别测试样本数量

类　名	类　别	DOTA 训练集	DOTA 测试集	HRRSD 测试集	NWPU VHR-10 测试集
D0	棒球场	42	214	1001	390
D1	篮球场	52	132	832	159
D2	桥梁	106	464	1090	124
D3	田径场	33	144	795	163
D4	港口	298	2090	938	224
D5	飞机	399	2531	1217	757
D6	船舶	281	8960	935	302
D7	车辆	261	5438	1178	598
D8	储罐	251	2888	1095	655
D9	网球场	118	760	1011	524

实验在 GTX 1080Ti GPU 上使用 PyTorch 进行。优化器是 Adam，学习率为 1×10^{-3}。批量大小为 8，输入图像为 224 像素×224 像素。训练分为两个阶段：训练教师模型和训练学生模型。两个阶段的训练轮次均为 1000，超参数 β 取 0.5。

5.3.4 实验

5.3.4.1 指标

本节使用三个指标来验证所提出方法的性能，即准确率（Acc.）、精度（Pre.）和召回率（Rec.）。准确率为正确预测的样本数与总样本数的比例，精度为正确预测的正样本数与所有被预测为正样本的样本数的比例，召回率为正确预测的正样本数与所有真实正样本数的比例。三项指标的详细介绍请参照 1.3.2 节。

5.3.4.2 消融研究

（1）抑制噪声特征的有效性。

在小样本遥感图像数据集的训练过程中，教师模型会产生噪声特征，这限制了教师模型的性能。因此，本节选择合适的教师模型来实现抑制噪声特征的弱相关蒸馏，从而提高识别精度。为了验证这点，使用三个主干网 VGG16、ResNet50 和 DenseNet121 作为教师模型和相应的学生模型。将教师模型和相应的学生模型在 DOTA 训练集上进行训练，并在 DOTA 测试集上进行测试，对学生模型和相应的教师模型的研究结果进行比较，如表 5.9 所示。由结果可知，DOTA 数据集上学生模型的研究结果优于相应的教师模型的研究结果。

表 5.9 抑制噪声特征的有效性研究

方法		准确率	精度	召回率
VGG16	教师	89.1%	77.9%	**81.2%**
	学生	**90.7%**	**82.4%**	80.4%
ResNet50	教师	88.2%	74.3%	76.9%
	学生	**90.9%**	**79.7%**	**82.0%**
DenseNet121	教师	87.8%	72.7%	77.0%
	学生	**91.2%**	**81.7%**	**85.4%**

此外，通过在 HRRSD 和 NWPU VHR-10 数据集上进行测试来验证所提出方法的泛化性，即将教师模型和相应的学生模型在 DOTA 训练集上进行训练，并分别在 HRRSD 数据集和 NWPU VHR-10 数据集上进行测试，结果如表 5.10 所示。从表 5.10 可以看出，学生模型比教师模型获得了更好的准确率。

表 5.10 抑制噪声特征的泛化研究

数据集			HRRSD	NWPU VHR-10
VGG16	准确率	教师	**56.7%**	77.5%
		学生	49.9%	**77.8%**
	精度	教师	**67.3%**	69.9%
		学生	62.2%	**75.2%**
	召回率	教师	**56.1%**	70.1%
		学生	49.7%	**72.1%**

（续表）

数据集			HRRSD	NWPU VHR-10
ResNet50	准确率	教师	56.0%	68.8%
		学生	**60.1%**	**75.5%**
	精度	教师	61.3%	61.8%
		学生	**69.3%**	**70.8%**
	召回率	教师	55.7%	62.5%
		学生	**60.2%**	**71.3%**
DenseNet121	准确率	教师	53.9%	72.1%
		学生	**63.0%**	**78.2%**
	精度	教师	63.3%	64.9%
		学生	**71.2%**	**73.4%**
	召回率	教师	53.8%	65.3%
		学生	**63.7%**	**74.3%**

（2）弱相关蒸馏的有效性。

弱相关蒸馏选择教师模型生成的弱相关特征蒸馏到学生模型，其中采用不同的特征来提高学生的表现。为了验证弱相关蒸馏的有效性，选择 ResNet50 作为学生模型，比较了不同教师模型组合和强相关蒸馏等方法，如表 5.11 所示。与现有方法相比，本节方法在准确率方面实现了最佳性能。

表 5.11　不同蒸馏方法的比较结果

教师模型	准确率	精度	召回率
VGG16+DenseNet121	89.9%	**81.5%**	81.3%
ResNet50+DenseNet121	89.0%	76.2%	79.0%
VGG16+ResNet50	90.1%	81.1%	**82.6%**
VGG16+ResNet50+DenseNet121	89.6%	78.7%	80.1%
强相关蒸馏	89.3%	76.5%	81.0%
本节方法	**90.9%**	79.7%	82.0%

（3）参数的影响。

通过将学生模型的参数调整到比原来低一个或两个数量级来研究参数的影响。具体来说，减少了 ResNet50 特征提取层中的卷积块数量，使参数从 3.58×10^7 分别降低到 6.74×10^6 和 8.06×10^5。如表 5.12 所示，虽然学生模型的参数减少了一个或两个数量级，但它仍然优于教师模型。这是由于所提出的弱相关蒸馏抑制了教师模型产生的噪声特征。

表 5.12　少一个或两个数量级参数的学生模型结果

模型	参数	准确率	精度	召回率
教师模型	3.58×10^7	88.2%	74.3%	76.9%
原始学生模型	3.58×10^7	90.9%	79.7%	82.0%
少一个数量级参数的学生模型	6.74×10^6	90.2%	80.5%	83.3%
少两个数量级参数的学生模型	8.06×10^5	90.0%	80.4%	79.9%

5.3.4.3 与现有方法的比较

本节将所提出的方法与五种现有方法进行比较,包括渐进多粒度训练(PMG)[29]、减少风格偏差(Sagnet)[37]、路由多样化分布(RIDE)[38]、多样性一致性学习(DCL)[10]和TLC[39]。按照本节中设置的模型参数进行实验。

(1)准确性。

通过在DOTA数据集上进行测试来评估本节方法和上述五种现有方法的识别准确性。如表5.13所示,本节方法的准确率达到了91.2%,是所有方法中准确率最高的。具体来说,本节方法的准确率相对PMG、TLC、Sagnet、RIDE和DCL的准确率分别提高了20.3%、12.2%、9.7%、8.8%和1.3%。

表5.13 不同方法在DOTA数据集上的结果

方 法	PMG	TLC	Sagnet	RIDE	DCL	本节方法
准确率	70.9%	79%	81.5%	82.4%	89.9%	**91.2%**
精度	66.3%	65.7%	64.2%	69.3%	81.1%	**81.7%**
召回率	69.1%	60.4%	67.1%	70.5%	84.7%	**85.4%**
D0	71.5%	34.6%	69.2%	44.9%	89.7%	**90.2%**
D1	78%	18.9%	45.5%	77.3%	**83.3%**	77.3%
D2	26.5%	51.7%	33.2%	68.5%	**85.3%**	71.1%
D3	**66.7%**	18.8%	36.1%	13.2%	48.6%	66%
D4	48.2%	79.6%	76%	**95.5%**	84.5%	89.9%
D5	94.2%	85.5%	84.3%	92.8%	95.7%	**97.1%**
D6	85.9%	77.2%	83.5%	82.5%	86.6%	**91.2%**
D7	30.5%	80.2%	83%	78.3%	**95.1%**	90.7%
D8	**97.8%**	83.2%	89.4%	83.4%	92.9%	94.7%
D9	**91.4%**	74.5%	70.9%	68.4%	85.5%	86.2%

(2)泛化性。

本节进一步验证了所提出方法和现有方法在HRRSD和NWPU VHR-10数据集上的泛化性。从表5.14和表5.15可以看出,本节方法在HRRSD和NWPU VHR-10数据集上取得了最好的性能,准确率分别为63.0%和78.2%,精度分别为71.2%和73.4%,召回率分别为63.7%和74.3%,平均水平比第二好的方法DCL分别高5.4%和2.0%。

表5.14 不同方法在HRRSD数据集上的结果

方 法	PMG	TLC	Sagnet	RIDE	DCL	本节方法
准确率	54.3%	43.5%	46.6%	49.9%	55.3%	**63.0%**
精度	62.1%	47.3%	48.1%	55.6%	**72.0%**	71.2%
召回率	53.9%	43.1%	45.9%	49.7%	54.4%	**63.7%**
D0	**88.4%**	44.6%	48.6%	24.2%	47.7%	73.2%
D1	34.3%	25.2%	33.4%	**78.5%**	29.1%	62.6%
D2	**13.7%**	0.7%	0.6%	11.0%	6.1%	8.2%

（续表）

方　　法	PMG	TLC	Sagnet	RIDE	DCL	本节方法
D3	43.4%	31.6%	34.0%	24.9%	36.6%	**69.1%**
D4	77.7%	94.1%	87.5%	95.4%	**99.4%**	92.9%
D5	80.9%	82.0%	87.8%	**92.5%**	86.5%	92.1%
D6	15.4%	18.7%	16.8%	21.4%	23.9%	**54.0%**
D7	2.0%	7.7%	13.2%	13.4%	**27.2%**	14.3%
D8	94.5%	66.7%	83.7%	84.2%	**97.7%**	97.2%
D9	89.3%	59.6%	53.9%	51.1%	**90.2%**	73.4%

表 5.15　不同方法在 NWPU VHR-10 数据集上的结果

方　　法	PMG	TLC	Sagnet	RIDE	DCL	本节方法
准确率	73.6%	55.2%	55.2%	62.6%	**78.2%**	**78.2%**
精度	71.6%	52.8%	48.4%	58.4%	70.7%	**73.4%**
召回率	71.0%	48.0%	49.3%	57.8%	71.1%	**74.3%**
D0	94.6%	53.8%	41.3%	57.9%	79.7%	**95.1%**
D1	**98.1%**	10.1%	28.9%	94.3%	91.8%	88.7%
D2	**15.3%**	0.8%	0.0%	3.2%	0.8%	4.8%
D3	**98.2%**	42.9%	55.8%	39.3%	78.5%	84.0%
D4	64.7%	79.0%	95.1%	**100.0%**	**100.0%**	96.0%
D5	**99.5%**	95.1%	91.1%	96.4%	99.3%	97.1%
D6	57.3%	65.9%	49.0%	32.1%	24.8%	**73.8%**
D7	10.7%	19.1%	19.7%	23.6%	**57.9%**	28.4%
D8	98.8%	44.6%	74.2%	87.9%	**100.0%**	**100.0%**
D9	72.9%	68.7%	38.0%	43.3%	**78.1%**	75.0%

本节方法之所以能在与现有方法的比较中取得优异的结果，主要是因为实施了两种策略：教师模型建立在大样本遥感图像数据集上，以获得突出的特征提取能力；弱相关蒸馏选择弱相关特征蒸馏到学生模型中，抑制了教师模型产生的噪声特征。

（3）可视化。

表 5.13～表 5.15 展示了样本被预测为正确类别的概率，对应的混淆矩阵则可以进一步表示样本被预测为每个类别的概率。表格与混淆矩阵是一一对应的，即表 5.13 对应图 5.11、表 5.14 对应图 5.12、表 5.15 对应图 5.13。图中（a）～（f）分别对应 PMG、TLC、Sagnet、RIDE、DCL 和本节方法，横坐标表示类别，纵坐标表示预测值，混淆矩阵中的数字表示该列的类别被预测为行的类别的概率。每列代表当前类别的预测结果，由于舍弃了小数位，元素之和约等于 1。在图 5.11 中，本节方法与现有方法比较具有更好的整体效果。此外，还可视化了不同方法在 HRRSD 和 NWPU VHR-10 数据集上验证泛化性的结果，如图 5.12 和图 5.13 所示。本节方法在 NWPU VHR-10 数据集上具有相对较高的预测结果，表明泛化性优于现有方法的泛化性。

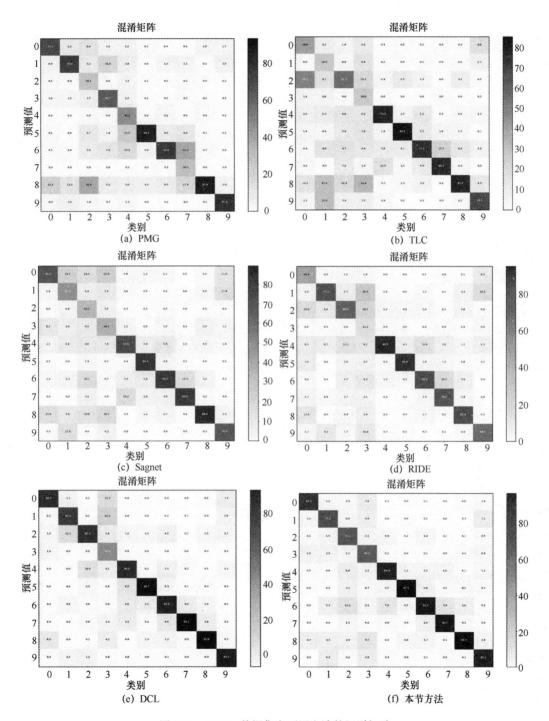

图 5.11 DOTA 数据集上不同方法的混淆矩阵

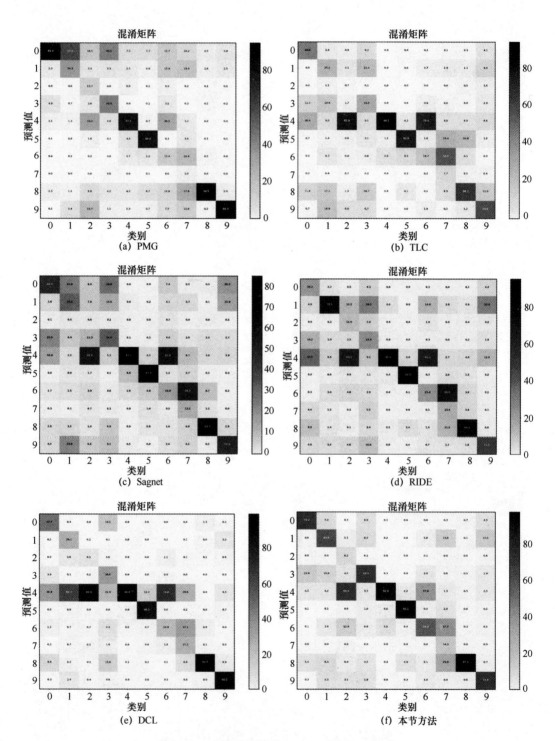

图 5.12 HRRSD 数据集上不同方法的混淆矩阵

第 5 章　小样本遥感目标识别

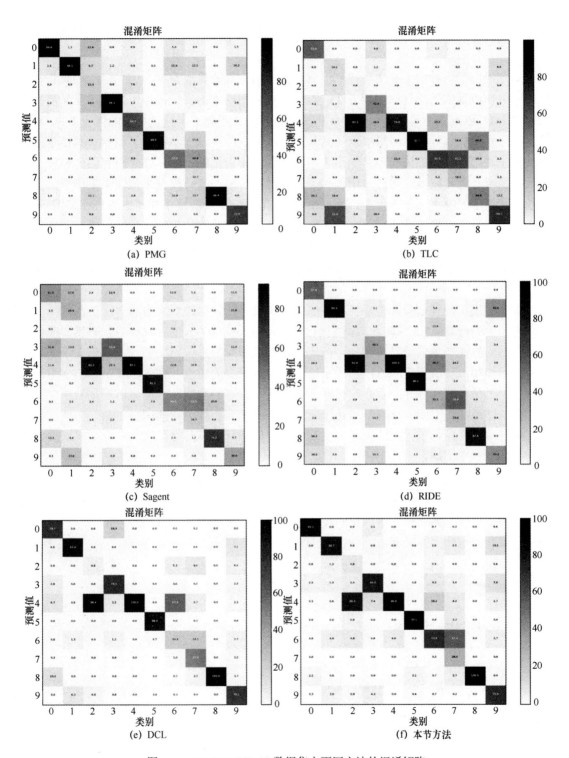

图 5.13　NWPU VHR-10 数据集上不同方法的混淆矩阵

5.4 小结

本章提出了两种用于解决小样本遥感目标识别问题的算法方案。5.2 节基于 DCL 框架提出了协作蒸馏的遥感目标识别方法，首先通过标记样本的特征多样性损失和交叉熵损失训练 DGM，以产生不同的结果，然后实施 RCDM，在不使用未标记样本的情况下将 DGM 的多样化知识提炼到学生网络中以提高其小样本识别性能。5.3 节提出了弱相关蒸馏学习模型，首先利用多教师蒸馏模型存储由大型标记数据集训练的信息，并使用有限的带标记遥感数据集对其进行微调。然后使用弱相关蒸馏选择合适的教师模型来蒸馏学生模型，以抵消教师模型中的噪声。5.2 节和 5.3 节从知识蒸馏的角度出发解决小样本遥感目标识别问题，它们都使用到了多样化的伪标签来解决标签噪声对模型性能的影响，为以后的研究提供了解决思路：在利用知识蒸馏协助学生模型取得卓越的识别性能时，可以着眼于抑制教师模型所产生标签中的噪声，降低错误标签对学生模型的影响，从而更大程度地提高学生模型的性能。

本章提出了两种创新性的小样本遥感目标识别方法以缓解现实生活中遥感图像稀缺、图像标注少的问题。5.2 节和 5.3 节所提出的方法都不需要大量的标注样本，只需要向模型提供少量的标注样本就可以得到一个准确率较高的遥感目标识别模型，大大节省了人工标注的时间和精力。所提出的方法适用于遥感样本数量少的场景。例如，在军事侦察中，小样本遥感目标识别方法提高了有限样本下军事目标识别的准确性；在城市规划领域，所提出方法能够在数据有限的情况下为建筑、道路等关键要素提供精确识别；在文化遗产保护中，小样本遥感目标识别方法可以在文物分布有限的情况下对文化遗产进行快速而准确的识别。在这些应用场景中，小样本目标识别方法展现了在有限数据情况下精准提取信息的优越性。总的来说，本章所提出的两种方法通过在有限的样本中挖掘目标的深层特征来提高模型的识别准确率，从而能够在实际应用中更好地满足遥感图像分析的需求，对于推动遥感图像识别技术向实际应用场景的拓展具有重要意义，能够更好地满足军事、城市规划、环境监测等领域的实际需求。

参 考 文 献

[1] WANG J H, ZHAI Y P. Prototypical siamese networks for few-shot learning[C]//Institute of Electrical and Electronics Engineers, 2020 IEEE 10th International Conference on Electronics Information and Emergency Communication (ICEIEC), Beijing, IEEE, 2020: 178-181.

[2] LEE K, MAJI S, RAVICHANDRAN A, et al. Meta-learning with differentiable convex optimization[C]// Institute of Electrical and Electronics Engineers, IEEE/CVF Conference on Computer Vision and Pattern Recognition, Long Beach, IEEE, 2019: 10657-10665.

[3] RIVAS-POSADA E, CHACON-MURGUIA M I. Analysis regarding the learning-to-learn process in the implementation of a meta-supervised algorithm for few-shot learning[C]//Institute of Electrical and Electronics Engineers, 2022 International Joint Conference on Neural Networks (IJCNN), Padua, IEEE,

2022: 1-8.

[4] CUBUK E D, ZOPH B, MANE D, et al. Autoaugment: learning augmentation strategies from data[C]//Institute of Electrical and Electronics Engineers, IEEE/CVF Conference on Computer Vision and Pattern Recognition, Long Beach, IEEE, 2019: 113-123.

[5] ZHANG X F, WANG Z Y, LIU D, et al. Deep adversarial data augmentation for extremely low data regimes[J]. IEEE Transactions on Circuits and Systems for Video Technology, 2020, 31(1): 15-28.

[6] ZHANG K, CAO Z, WU J. Circular shift: an effective data augmentation method for convolutional neural network on image classification[C]//Institute of Electrical and Electronics Engineers, 2020 IEEE International conference on image processing (ICIP). IEEE, 2020: 1676-1680.

[7] MINOOFAM S A H, BASTANFARD A, KEYVANPOUR M R. TRCLA: a transfer learning approach to reduce negative transfer for cellular learning automata[J]. IEEE Transactions on Neural Networks and Learning Systems, 2021.

[8] SHAO L, ZHU F, LI X L. Transfer learning for visual categorization: a survey[J]. IEEE Transactions on Neural Networks and Learning Systems, 2014, 26(5): 1019-1034.

[9] YANG C, CHEUNG Y M, DING J L, et al. Concept drift-tolerant transfer learning in dynamic environments[J]. IEEE Transactions on Neural Networks and Learning Systems, 2021, 33(8): 3857-3871.

[10] ZHAO W D, TONG T T, WANG H P, et al. Diversity consistency learning for remote-sensing object recognition with limited labels[J]. IEEE Transactions on Geoscience and Remote Sensing, 2022, 60: 1-10.

[11] ZHAO W D, LV X Z, WANG H P, et al. Weakly correlated distillation for remote sensing object recognition[J]. IEEE Transactions on Geoscience and Remote Sensing, 2023, 61:1-11.

[12] HU Z J, YANG Z Y, HU X F, et al. Simple: similar pseudo label exploitation for semi-supervised classification[C]//Institute of Electrical and Electronics Engineers, IEEE/CVF Conference on Computer Vision and Pattern Recognition, Nashville, IEEE, 2021: 15099-15108.

[13] SOHN K, BERTHELOT D, CARLINI N, et al. Fixmatch: simplifying semi-supervised learning with consistency and confidence[J]. Advances in Neural Information Processing Systems, 2020, 33: 596-608.

[14] TANG Y H, CHEN W F, LUO Y J, et al. Humble teachers teach better students for semi-supervised object detection[C]//Institute of Electrical and Electronics Engineers, IEEE/CVF Conference on Computer Vision and Pattern Recognition, Nashville, IEEE, 2021: 3132-3141.

[15] WANG H, CONG Y Z, LITANY O, et al. 3Dioumatch: leveraging iou prediction for semi-supervised 3d object detection[C]//Institute of Electrical and Electronics Engineers, IEEE/CVF Conference on Computer Vision and Pattern Recognition, Nashville, IEEE, 2021: 14615-14624.

[16] ZHOU Q, YU C H, WANG Z B, et al. Instant-teaching: an end-to-end semi-supervised object detection framework[C]//Institute of Electrical and Electronics Engineers, IEEE/CVF Conference on Computer Vision and Pattern Recognition, Nashville, IEEE, 2021: 4081-4090.

[17] CHEN X K, YUAN Y H, ZENG G, et al. Semi-supervised semantic segmentation with cross pseudo supervision[C]//Institute of Electrical and Electronics Engineers, IEEE/CVF Conference on Computer Vision and Pattern Recognition, Nashville, IEEE, 2021: 2613-2622.

[18] LAI X, TIAN Z T, JIANG L, et al. Semi-supervised semantic segmentation with directional context-aware consistency[C]//Institute of Electrical and Electronics Engineers, IEEE/CVF Conference on Computer Vision and Pattern Recognition, Nashville, IEEE, 2021: 1205-1214.

[19] LEE J, KIM E, YOON S. Anti-adversarially manipulated attributions for weakly and semi-supervised semantic segmentation[C]//Institute of Electrical and Electronics Engineers, IEEE/CVF Conference on Computer Vision and Pattern Recognition, Nashville, IEEE, 2021: 4071-4080.

[20] VALLE R, BUENAPOSADA J M, VALDES A, et al. A deeply-initialized coarse-to-fine ensemble of regression trees for face alignment[C]//European Conference on Computer Vision, Computer Vision–ECCV 2018: 15th European Conference, Munich, Springer International Publishing, 2018: 585-601.

[21] KIM W, GOYAL B, CHAWLA K, et al. Attention-based ensemble for deep metric learning[C]//European Conference on Computer Vision, Computer Vision–ECCV 2018: 15th European Conference, Munich, Springer International Publishing, 2018: 736-751.

[22] DVORNIK N, SCHMID C, MAIRAL J. Diversity with cooperation: ensemble methods for few-shot classification[C]//Institute of Electrical and Electronics Engineers, IEEE/CVF International Conference on Computer Vision, Seoul, IEEE, 2019: 3723-3731.

[23] AZIERE N, TODOROVIC S. Ensemble deep manifold similarity learning using hard proxies[C]// Institute of Electrical and Electronics Engineers, IEEE/CVF Conference on Computer Vision and Pattern Recognition, Long Beach, IEEE, 2019: 7299-7307.

[24] LI L, GAO K, CAO J, et al. Progressive domain expansion network for single domain generalization[C]// Institute of Electrical and Electronics Engineers, IEEE/CVF Conference on Computer Vision and Pattern Recognition, Nashville, IEEE, 2021: 224-233.

[25] LI B, WU F, LIM S N, et al. On feature normalization and data augmentation[C]//Institute of Electrical and Electronics Engineers, IEEE/CVF Conference on Computer Vision and Pattern Recognition, Nashville, IEEE, 2021: 12383-12392.

[26] ZHANG X H, LV Y F, YAO L B, et al. A new benchmark and an attribute-guided nultilevel feature representation network for fine-grained ship classification in optical remote sensing images[J]. IEEE Journal of Selected Topics in Applied Earth Observations and Remote Sensing, 2020, 13: 1271-1285.

[27] LIU Z K, YUAN L, WENG L B, et al. A high resolution optical satellite image dataset for ship recognition and some new baselines[C]//Institute for Systems and Technologies of Information, Control and Communication, International Conference on Pattern Recognition Applications and Methods, Porto, SciTePress, 2017, 2: 324-331.

[28] HE K M, ZHANG X Y, REN S Q, et al. Deep residual learning for image recognition[C]//Institute of Electrical and Electronics Engineers, IEEE Conference on Computer Vision and Pattern Recognition, Las Vegas, IEEE, 2016: 770-778.

[29] DU R Y, CHANG D L, BHUNIA A K, et al. Fine-grained visual classification via progressive multi-granularity training of jigsaw patches[C]//European Conference on Computer Vision, Computer Vision–ECCV 2020: 16th European Conference, Glasgow, Springer International Publishing, 2020: 153-168.

[30] WANG Z J, LUO Y D, QIU R H, et al. Learning to diversify for single domain generalization[C]//Institute of Electrical and Electronics Engineers, IEEE/CVF International Conference on Computer Vision, Montreal, IEEE, 2021: 834-843.

[31] SIMONYAN K, ZISSERMAN A. Very deep convolutional networks for large-scale image recognition[J]. arXiv:1409.1556, 2014.

[32] HUANG G, LIU Z, VAN DER MAATEN L, et al. Densely connected convolutional networks[C]// Institute of Electrical and Electronics Engineers, IEEE Conference on Computer Vision and Pattern Recognition, Honolulu, IEEE, 2017: 4700-4708.

[33] XIA G S, BAI X, DING J, et al. DOTA: a large-scale dataset for object detection in aerial images[C]// Institute of Electrical and Electronics Engineers, IEEE Conference on Computer Vision and Pattern Recognition, Salt Lake City, IEEE, 2018: 3974-3983.

[34] ZHANG Y L, YUAN Y, FENG Y C, et al. Hierarchical and robust convolutional neural network for very high-resolution remote sensing object detection[J]. IEEE Transactions on Geoscience and Remote Sensing, 2019, 57(8): 5535-5548.

[35] CHENG G, ZHOU P C, HAN J W. Learning rotation-invariant convolutional neural networks for object detection in vhr optical remote sensing images[J]. IEEE Transactions on Geoscience and Remote Sensing, 2016, 54(12): 7405-7415.

[36] BAYRAKTAR E, YIGIT C B, BOYRAZ P. A hybrid image dataset toward bridging the gap between real and simulation environments for robotics: Annotated desktop objects real and synthetic images dataset: ADORESet[J]. Machine Vision and Applications, 2019, 30(1): 23-40.

[37] NAM H, LEE H J, PARK J, et al. Reducing domain gap by reducing style bias[C]//Institute of Electrical and Electronics Engineers, IEEE/CVF Conference on Computer Vision and Pattern Recognition, Nashville, IEEE, 2021: 8690-8699.

[38] WANG X D, LIAN L, MIAO Z Q, et al. Long-tailed recognition by routing diverse distribution-aware experts[J]. arXiv:2010.01809, 2020.

[39] LI B L, HAN Z B, LI H N, et al. Trustworthy long-tailed classification[C]//Institute of Electrical and Electronics Engineers, IEEE/CVF Conference on Computer Vision and Pattern Recognition, New Orleans, IEEE, 2022: 6970-6979.

第6章 复杂样本分布的遥感目标识别

6.1 引言

第 5 章针对的问题是，当遥感数据集中每个类别的数据量很少时，如何设计模型，使其能够在训练样本数据较少的情况下完成目标识别的任务。本章将从类别和数据集两个维度探讨复杂数据样本分布下的遥感目标识别。一方面，在同一数据集下，不同类别的数据分布非常不均匀，特别是遥感数据集，通常某些类别的数据量占数据总量的很大一部分，而剩下类别的数据量只有很少的一部分，这样的分布通常被称为数据集的长尾分布问题。另一方面，在不同数据集下，由于拍摄设备、拍摄条件、拍摄时间的不同，不同数据集甚至同一数据集内不同图像都会存在明显的风格差异，特别是对于遥感图像而言，这种分布差异通常被称为域差异。

本章聚焦于这两种分布差异，探讨如何设计模型来缓解数据集长尾分布问题和多域学习下数据集域差异对模型识别精度带来的影响。本章通过下面三个小节分别论述并总结复杂样本分布的遥感目标识别模型。6.2 节针对数据集长尾分布问题，设计了一种新的分层蒸馏框架。基于教师模型间进行知识蒸馏，头部数据训练的教师模型能够帮助中部和尾部教师模型的思想，设计了分层教师蒸馏（Hierarchical Teacher-Wise Distillation，HTWD）模型[1]。为了缓解中部和尾部数据太少的问题，设计了自校准采样（Self-Calibrated Sampling，SCS）模型[1]，强制学生模型加强对中部和尾部数据的学习。6.3 节针对数据集域差异问题，认为不同数据集图像具有较大的域差异，因此通过设计基于风格内容解耦互换的度量学习的模型[2]，约束模型提取的特征是基于内容而非风格的，从而提高模型的内容敏感性和风格鲁棒性，提高模型的域泛化性能。6.4 节对上述方法进行总结，提出算法对未来研究的启发意义，并提出本章算法的应用场景。

6.2 层次蒸馏的长尾目标识别

6.2.1 方法背景

深度学习近年来在图像分类任务上取得了显著的进展，其最佳的性能通常是在 ImageNet[3]和 MS COCO[4]等标准数据集上取得的，这些数据集中的每类样本数量通常是均匀分布的，甚至某些罕见的类别也有足够的训练样本。然而，在现实世界中，数据的分布非常不均匀，尤其是遥感数据，数据通常会呈现长尾特征，即头部占数据集的很大一部分，尾部占数据集的很小一部分。遥感数据集出现这种特征的原因正是这些图像是由卫星拍摄的，不同类型的图像数量是有限的，例如，航母类的图像数量较少，而渔船类的图像数量通常较多。现有的遥感图像深度模型在处理这种分布极度不平衡的数据集时，可能无法达到预期的性能，并且训练过程中模型很容易偏向于头部数据，对尾部数据的分类结果会受到头部数据的影响。因此，如何提高遥感图像中的长尾目标分类能力是一个现实性的问题。

目前长尾遥感图像分类的研究通常从两个方面考虑：①重采样方法[5-9]。该方法包括两部分，即对头部数据欠采样，在训练过程中忽略部分头部样本的训练，以及对尾部过采样，在训练过程中重复采样某些尾部样本。这两种方法会导致头部的欠拟合或尾部的过拟合。②重加权方法[10-14]。该方法为尾部数据的损失设置了较大的权重，使模型整体偏向于尾部数据。这可能对选定的超参数很敏感。最近，多专家学习模型[15-21]被设计了出来，它们通常将长尾数据集进行重新划分，形成多个子集，如给定一个带有 C 个类别的数据集 D，设置 K 个阈值，根据每个类的样本数量将原始数据集 D 划分成 $K+1$ 个子集，使用不同的子集训练多专家模型，然后，通过简单均值策略[17,18]、知识蒸馏[16,19]或门控网络[15,20]等方法集成多专家模型的结果。多专家模型在长尾任务领域显示出了巨大的前景。然而现有多专家模型可能不会关注各专家模型间的关系，忽略了模型集成时的长尾分布问题。

基于上述课题背景，本节探索长尾遥感图像的分类问题，旨在设计一个卷积神经网络模型，该模型使用一个分布极度不平衡的长尾数据集进行训练，在保证模型对头部数据分类表现良好的前提下，提高对尾部数据的分类准确率，缓解尾部数据的分类效果受到头部数据的影响。本节提出了一种新的分层蒸馏框架（Hierarchical Distillation Framework，HDF）来缓解遥感图像中的长尾分布问题。HDF 包括分层教师蒸馏（HTWD）模型和自校准采样（SCS）模型。HTWD 模型的目标是改进中部和尾部数据的特征表示，而 SCS 模型的重点是有效地将中部和尾部数据知识从教师模型和学生模型中提取出来。

本节首先对长尾数据集根据其样本数量分布进行划分，划分后的子集与原数据集相比，样本分布更加均衡，因此子集训练的对应教师模型可以缓解长尾数据集带来的影响，在一定程度上避免模型偏向于头部数据。另外，通过研究发现，在以往的多专家学习方法中，每个教师模型独立训练，完全忽略了模型与模型之间的关系，浪费了大量资源。而由于头部数据具有大量训练样本，与小样本数据相比，可学习的内容更加丰富，因此使用该部分子集训练的教师模型具有更好的学习效果，提取特征的能力更优异。以往的方法没有充分利用到头部数据训练的教师模型具有良好的特征表示这一优势。另外，良好的特征表示可以提高分类器的性能。因此，为了利用已有的资源并缓解上述问题，本节提出分层教师级学习框架，将用头部数据训练的教师模型的特征表示能力提取到用尾部数据训练的教师模型中，从而提高了利用尾部数据训练的教师模型的特征提取能力，最后为了得到统一的模型，聚合教师模型的知识给学生模型。

然而，如果直接将每个教师模型的特征蒸馏到学生网络中，那么由于尾部数据较少，学生模型无法很好地学习尾部特征。因此本节进一步提出了 SCS 模型，通过特征学习质量动态选择类别，为尾部分配更多的样本训练机会来消除数据量不足的影响，从而提高模型在遥感图像数据集中的长尾目标识别。

本节方法在多个公开的长尾数据集上进行了实验验证，实验结果如图 6.1 所示。实验结果显示本节方法在整体分类上取得了不错的效果。综上所述，本节的主要内容如下。

(1)本节基于学生模型不仅应该从教师模型中学习知识,教师模型间还应该彼此学习的思想,提出了一种新的 HDF 模型来改善遥感图像的长尾分布目标识别。

(2)本节提出了一种新的分层教师级学习框架来改进遥感图像的长尾目标分类,该框架基于不仅学生模型要向教师模型学习特征表示,教师模型之间还应该相互学习特征表示的思想,提高了尾部教师模型的特征表示能力,并将多个教师模型的知识蒸馏给统一的学生模型。此外,还提出了 SCS 模型来提高学生模型对尾部数据特征的学习能力。

(3)本节在 FGSC-23[22]和 DOTA[23]数据集上进行了综合实验,以评估和验证本节方法的性能。

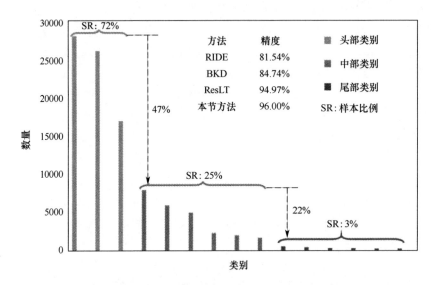

图 6.1 不同方法在长尾数据集 DOTA 上的性能对比实验结果

6.2.2 层次蒸馏的长尾目标识别网络模型

6.2.2.1 动机与网络框架

本节的工作旨在研究长尾遥感图像目标分类问题。如前所述,长尾问题产生的原因是数据集的分布极度不平衡,模型在训练时偏向于样本数量多的头部,影响模型对尾部数据的特征提取能力。

目前,多专家网络常被用于处理长尾分布问题。具体而言,给定具有 C 个类别的长尾分布数据集 D,设置 K 个阈值,根据每个类别的样本数量将数据集 D 分为 $K+1$ 个子集。以 $K=2$ 为例,在使子集数据尽可能分布均匀的情况下,选择两个阈值 R_1 和 R_2,如图 6.2(a)所示;将 D 分为三个子集 D_H、D_M 和 D_T,并且构造多专家模型,如图 6.2(b)所示。分别利用三个子集训练教师模型 T_H、T_M 和 T_T,随后将教师模型学到的知识蒸馏给学生模型。

然而,现有的多专家模型主要存在以下两个缺陷。

（1）没有充分利用头部数据训练的教师模型良好的特征表示能力来帮助尾部数据训练的教师模型。

（2）教师模型向学生模型知识迁移时忽略了难以有效提取尾部数据的缺陷。

因此本节提出 HTWD 模型和 SCS 模型来缓解这两个问题。本节方法的框架如图 6.2(c) 所示。一方面，本节模型不希望让尾部数据和中部数据限制教师模型 T_M 和 T_T 的学习能力。因此，首先通过头部数据训练教师模型 T_H，然后将前任教师模型的特征提取能力蒸馏到现任教师模型上，在 T_H 的帮助下，T_M 和 T_T 能很好地学习到从中部数据和尾部数据中提取特征的能力。另一方面，由于中部和尾部数据较少，在从教师模型向学生模型蒸馏的过程中，中部和尾部特征可能会偏向头部类别，因此，本节引入学习质量评估机制来指导训练样本抽样，从而强制学生模型加强样本数量少的类别学习。

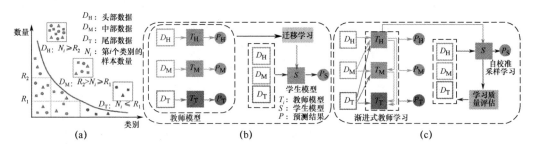

图 6.2　多专家模型与本节方法的对比

6.2.2.2 分层教师级学习模型

由于不同子集的数据量差异很大，相应子集训练的教师模型的特征提取能力是不平均的。换句话说，用头部数据 D_H 训练的教师模型 T_H 的特征提取能力最好，其次是用中部数据 D_M 训练的教师模型 T_M，用尾部数据 D_T 训练的教师模型 T_T 的特征提取能力最差。因此，本节提出分层教师级学习，利用 T_H 良好的特征提取能力，帮助 T_M 和 T_T 改进特征表示能力。分层教师级学习模型结构如图 6.3 所示。

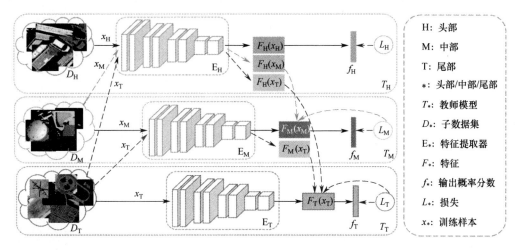

图 6.3　分层教师级学习模型结构

本节方法根据原始数据集 D 的样本数量分布划分成多个子集，基于对数据集的分析，可以认为当数据集被划分成三个子集时，每个子集中的样本分布较为均匀，因此本节基于保持每个子集中数据尽可能均匀分布的考虑，设定了两个阈值 R_1、R_2，将原始数据集划分成三个子集，即 $D = \{D_H, D_M, D_T\}$。三个教师模型 T_H、T_M、T_T 采用相同的网络结构，并逐级使用对应的模型进行训练。首先利用 D_H 对 T_H 进行正常训练，使 T_H 获得良好的特征提取能力和分类能力，损失函数为

$$L_H = -\frac{1}{N_H} \sum_{x_H \in D_H} P(x_H) \log[f_H(x_H)] \tag{6.1}$$

式中，x_H 为头部子集中的训练样本；N_H 为头部子集中的训练样本总数；$f_H(x_H)$ 和 $P(x_H)$ 分别为 T_H 特征提取器的输出概率和 x_H 的真值。然后，用子集 D_M 来训练 T_M。由于 T_H 的特征提取器已经获得了良好的特征表示能力，所以可以利用 T_H 特征提取器提取到的结果来帮助提高 T_M 的学习性能。因此，在用 D_M 训练 T_M 时，固定 T_H 特征提取器的参数，将输入给 T_M 的样本同时输入 T_H 中，获取从 T_H 特征提取器中提取的输入样本的特征表示，使用这一特征表示作为软真值，辅助监督 T_M 的训练，损失函数为

$$L_M = -\frac{1}{N_M} \sum_{x_M \in D_M} P(x_M) \log[f_M(x_M)] + \frac{1}{N_M} \sum_{x_M \in D_M} [F_M(x_M) - F_H(x_M)]^2 \tag{6.2}$$

式中，$F_M(x_M)$ 和 $F_H(x_M)$ 分别为 T_M 和 T_H 的特征提取器为训练样本 x_M 生成的特征表示；N_M 为中部子集中的训练样本的总数；$f_M(x_M)$ 和 $P(x_M)$ 分别为 T_M 特征提取器的输出概率和 x_M 的真值。最后，用尾部子集 D_T 来训练 T_T，类似于前一步，固定 T_H 和 T_M 的特征提取器的参数，将输入给 T_T 的样本同时输入 T_H 和 T_M 中，获取对应特征提取器的特征表示。在训练 T_M 时，可以认为 T_H 的特征提取能力已经迁移给 T_M，因此 T_M 也具有较好的特征提取能力，并且两个教师的知识比一个教师更具有准确性，所以将这两个特征表示作为软真值，一同辅助监督 T_T 的训练，损失函数为

$$L_T = -\frac{1}{N_T} \sum_{x_T \in D_T} P(x_T) \log[f_T(x_T)] + \frac{1}{N_T} \sum_{x_T \in D_T} [F_T(x_T) - F_H(x_T)]^2 + \\ \frac{1}{N_T} \sum_{x_T \in D_T} [F_T(x_T) - F_M(x_T)]^2 \tag{6.3}$$

式中，$F_T(x_T)$、$F_M(x_T)$ 和 $F_H(x_T)$ 分别为 T_T、T_M 和 T_H 的特征提取器为训练样本 x_T 生成的特征；N_T 为尾部子集中训练样本的总数；$f_T(x_T)$ 和 $P(x_T)$ 分别为 T_T 分类器的输出概率和 x_T 的真值。因此，利用 T_H 良好的特征提取能力，逐级帮助 T_M 和 T_T 优化特征提取器的特征表示，从而提高分类器的分类准确率，这是通过本节提出的分层教师级学习来实现的。

6.2.2.3 自校准采样模型

一旦获得了训练好的教师模型，就可以将它们的知识蒸馏到学生模型中。由于尾部数据是稀缺的，所以从尾部数据中学到的知识可能无法完全提炼到学生模型中。本节从采样数据的角度来缓解这个问题。对于难以学习的类别 c，模型设置了一个采样权值 w_c 来增加类的采样概率，使模型得到充分训练。这里的"采样"是指以批处理大小选择训练图像。此外，学习质量评估是用来自校准采样权重的。自校准采样模型框架如图 6.4 所示。

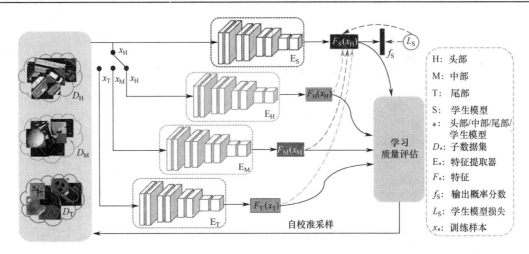

图 6.4 自校准采样模型框架

具体来说，给定从 $D = \{D_H, D_M, D_T\}$ 中采样的训练图像 $x_i (i = H, M, T)$，将其对应的教师模型 T_i 的特征表示 $F_i(x_i)$ 提取到学生模型 S 中，损失函数为

$$L_S = -\frac{1}{N_B} \sum_{x_i \in wD} P(x_i) \log[f_S(x_i)] + \frac{1}{N_B} \sum_{x_i \in wD} [F_i(x_i) - F_S(x_i)]^2 \quad (6.4)$$

式中，D 为原始数据集；$F_S(x_i)$ 为学生模型特征提取器为训练图像 x_i 生成的特征表示；N_B 为批处理大小；$f_S(x_i)$ 和 $P(x_i)$ 分别为学生模型分类器对 x_i 的输出概率和 x_i 的真值。$w = \{w_1, w_2, \cdots, w_C\}$ 为每个类别的采样权重，C 表示数据集中所有类别总数。

如图 6.5 所示，给定一个缓存列表 $n = [n_1, n_2, \cdots, n_C]$ 作为当前批处理中每个类的样本计数，另一个缓存列表 $q = [q_1, q_2, \cdots, q_C]$ 作为当前批处理中学生模型对每个类的学习质量，构建学习质量评估来更新下一批处理训练时的采样权重 w。对于 $c \in C$ 类中的一个样本，若学生模型和教师模型特征提取器提取的特征相比之下差异较大，则说明学生模型的学习质量较差，需要学习更多类别 c 的知识，所以可以在下一批处理中，增加类别 c 的采样概率，使学生模型采样到类别 c 的概率更大，从而有更多的机会学习到类别 c 的知识。因此，类别 c 的学习质量评估 q_c 可以设计如下：

$$q_c = \frac{1}{n_c} \sum_{i=1}^{n_c} [F_S(x_i^c) - F_i(x_i^c)]^2 \quad (6.5)$$

式中，x_i^c 为类别 c 的一个输入样本；F_i 为对应的教师模型（$i = H, M, T$，分别对应头部教师模型、中部教师模型和尾部教师模型）的特征表示。然后，采样权重 w_c 可以定义为

$$w_c = \alpha \log(q_c + 1) \quad (6.6)$$

式中，α 为一个超参数，需要提前确定具体值；$q_c \geq 0$，为了保证 w_c 不为负数，需要进行 $q_c + 1$ 的操作来保证采样概率始终大于或等于 0。值得注意的是，对于未在当前批处理中采样的类，若不做任何措施，那么它们在下一批处理中的采样权重为 0，在以后的训练中将不会出现该类，这是不希望看到的结果。因此，为这些未在当前批处理采样的类别分配当前批处理中非零采样权重的平均值，以便在下一批处理中，有机会对这些未被采样的类进行采样。

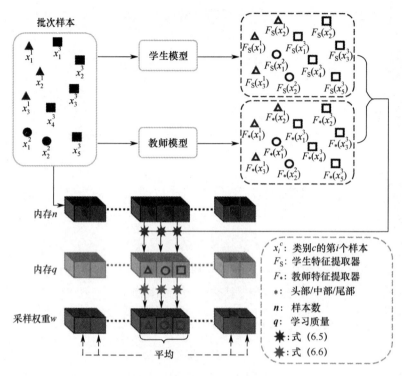

图 6.5 采样权重 w 计算图解

图 6.6 所示为使用 SCS 模块和不使用 SCS 模块的视觉化比较图。可以看出，使用 SCS 模块可以产生更均匀的特征和更少的背景噪声（见虚线框）。

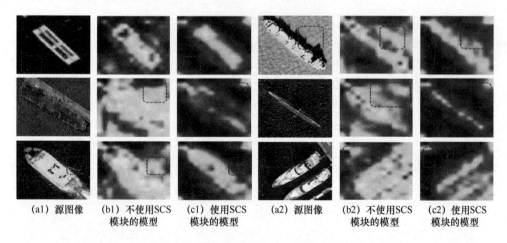

(a1) 源图像　(b1) 不使用SCS模块的模型　(c1) 使用SCS模块的模型　(a2) 源图像　(b2) 不使用SCS模块的模型　(c2) 使用SCS模块的模型

图 6.6 使用 SCS 模块和不使用 SCS 模块的视觉化比较图

6.2.3 模型训练

（1）结构：本节模型使用 ResNet-50 作为骨干网络。ResNet-50 由四个残差块组成，后面是一个全连接操作，便于分类任务。在模型框架中，使用前三个残差块作为特征提取器，使用第四个残差块和完全连接操作作为分类头。三种教师模型和一种学生模型具有相同的结构。

（2）训练：整个训练过程包括两个阶段。在第一个阶段，逐步训练三种教师模型。具体来说，首先通过 L_H 训练 T_H；然后固定 T_H 参数，并通过 L_M 训练 T_M；最后固定 T_H 和 T_M 参数，并利用 L_T 来训练 T_T。现在，可以得到三种对于头部、中部、尾部数据有良好特征提取能力的教师模型。在第二个阶段，通过损失函数 L_S 将教师模型中学到的知识提取到学生模型中。特别地，采样权重 w 在每个批次训练时通过提出的学习质量评估指标进行更新。

6.2.4 实验

6.2.4.1 数据集

为了验证本节提出方法的有效性，在以下公开数据集上进行实验：FGSC-23 数据集和 DOTA 数据集。下面对这些数据集进行简要介绍。FGSC-23 数据集包括 23 个细粒度分类的船舶类别，总共有 4081 幅图像，其中 3256 幅图像属于训练集，其余 825 幅图像属于测试集。该数据集中部分图像示例如图 6.7 所示，每个类别的训练图像数量从 17 幅到 434 幅不等（FGSC-23 数据集统计如表 6.1 所示，其中 SC1～SC5 为头部子集，SC6～SC11 为中部子集，SC12～SC23 为尾部子集）。

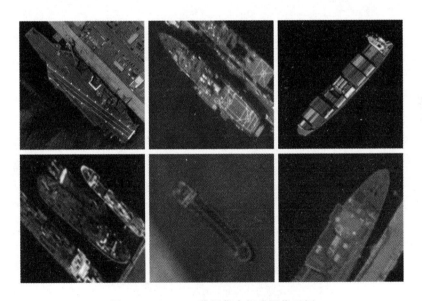

图 6.7 FGSC-23 数据集中部分图像示例

表 6.1 FGSC-23 数据集统计

类　　别	标　识　符	数　　量
无船舶	SC1	387
驱逐舰	SC2	434
护卫舰	SC3	236

(续表)

类　　别	标　识　符	数　　量
巡洋舰	SC4	234
散货船	SC5	274
航空母舰	SC6	132
两栖攻击舰	SC7	123
潜艇	SC8	190
战斗艇	SC9	114
辅助舰船	SC10	180
油轮	SC11	132
登陆舰	SC12	86
两栖运输码头	SC13	72
塔拉瓦级两栖攻击舰	SC14	70
指挥舰	SC15	71
医疗船	SC16	17
集装箱船	SC17	81
汽车运输船	SC18	58
气垫船	SC19	96
渔船	SC20	82
客船	SC21	70
液化气船	SC22	74
驳船	SC23	43

DOTA 数据集包含 15 个类别，共计 188282 个实例。其涉及 20 个常见的目标类别，如飞机、大坝、车辆等。数据集中的图像为 800 像素×800 像素，空间分辨率为 0.5～30m。由于每幅图像中包含多个类别不同的实例，本节方法主要实现单标签分类，为了便于实验的进行，对图像进行了裁剪，最终总共得到了 98906 幅训练图像和 28853 幅测试图像。

DOTA 数据集中部分图像示例如图 6.8 所示，每个类别的训练图像数量从 325 幅到 28068 幅不等（DOTA 数据集统计如表 6.2 所示，其中 TA1～TA3 为头部子集，TA4～TA9 为中部子集，TA10～TA15 为尾部子集）。

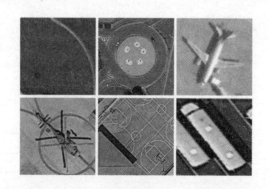

图 6.8　DOTA 数据集中部分图像示例

表 6.2　DOTA 数据集统计

类　别	标　识　符	数　　量
大型车辆	TA1	16969
船舶	TA2	28068
小型车辆	TA3	26126
桥梁	TA4	2047
港口	TA5	5983
飞机	TA6	7971
储油罐	TA7	5029
游泳池	TA8	1736
网球场	TA9	2367
棒球场	TA10	415
篮球场	TA11	515
田径场	TA12	325
直升机	TA13	630
环岛	TA14	399
足球场	TA15	326

上述的两个长尾遥感数据集都已给出了真值标签，另外，模型输入数据需要进行统一，因此这些图像需要统一被调整大小。综合考虑到每个类中的图像数量，并将原始数据集划分为三个子集，即头部子集、中部子集和尾部子集，FGSC-23 数据集的划分阈值分别为 100 和 200，DOTA 数据集的划分阈值分别为 1000 和 10000。

6.2.4.2　实验细节设置

本节在显卡为 RTX 1080Ti GPU、系统为 Ubuntu 18.04 的计算机设备上进行实验。实验使用 Python 编程语言编写代码，使用 PyTorch 深度学习框架搭建卷积神经网络。在训练过程中采用 SGD 算法优化网络模型，动量值设置为 0.9，初始学习率设置为 0.001，每隔 50 个 epoch 缩小 1/10，批量大小为 8，即每次输入 8 幅图像，α 取 75。由于原始训练集中的图像尺寸过大且不同数据集图像大小不统一，因此需要将原始图像缩小成 224 像素×224 像素尺寸的图像作为训练图像。整个网络模型使用端到端的训练方式进行参数的优化。在 FGSC 上训练的模型耗时约 7 小时，其中教师模型平均收敛到约 43 个 epoch，学生模型平均收敛到约 30 个 epoch。在 DOTA 数据集上训练耗时 5 天。其中，教师模型平均收敛到约 43 个 epoch，学生模型平均收敛到约 53 个 epoch。测试模型参数为 23.5M，FLOPs 为 1.56G，对于尺寸为 224 像素×224 像素的图像，生成结果大约需要 6.8ms。Top-1 精度用于评估性能，每类精度是每个类别的真值和预测值计算的精度。

6.2.4.3　消融实验

（1）分层教师级学习的有效性。

为了验证提出的分层教师级学习框架的有效性，将提出的方法与单独训练三个教师模型方法的学生模型结果进行了比较。表 6.3 中展示了在 FGSC-23 数据集上，学生模型得到的每个类的准确率和每个子集的平均准确率。表 6.3 中第二列实验是无知识蒸馏的标准训练，是模型的标准基线 Baseline；第三列实验为单独训练教师模型的学生模型的结果；第四列实验为分层教师级学习框架的学生模型的结果；Ave_acc of T_*(* = H, M, T) 为对应子集的平均准确率。

表 6.3　单独训练教师模型与分层教师级学习框架的学生模型在 FGSC-23 数据集上的比较结果

标　识　符	Baseline	单独训练教师模型	分层教师级学习
SC1	90.72%	93.81%	93.81%
SC2	87.04%	90.74%	90.74%
SC3	91.53%	98.31%	98.31%
SC4	**91.53%**	88.14%	88.14%
SC5	79.71%	92.75%	92.75%
Ave_acc of T_H	88.01%	92.60%	92.60%
SC6	91.18%	91.18%	91.18%
SC7	96.77%	96.77%	96.77%
SC8	93.75%	95.83%	97.92%
SC9	93.10%	96.55%	89.66%
SC10	62.22%	88.89%	93.33%
SC11	66.67%	96.97%	96.97%
Ave_acc of T_M	83.18%	94.07%	94.55%
SC12	81.82%	95.45%	90.91%
SC13	83.33%	83.33%	88.89%
SC14	99.99%	94.44%	99.99%
SC15	72.22%	94.44%	94.44%
SC16	99.99%	99.99%	99.99%
SC17	80.00%	95.00%	95.00%
SC18	99.99%	99.99%	99.99%
SC19	99.99%	99.99%	99.99%
SC20	65.00%	75.00%	75.00%
SC21	66.67%	77.78%	83.33%
SC22	99.99%	95.00%	95.00%
SC23	99.99%	99.99%	99.99%
Ave_acc of T_T	86.38%	92.02%	92.96%

（2）SCS 学习的重要性。

由于中部子集和尾部子集的样本比头部子集小，教师模型 T_M 和 T_T 的知识可能无法完全提炼到学生模型中。因此，学生模型的识别精度将受到中部子集和尾部子集的限制。为了缓解这一问题提出了一种自校准采样权重的 SCS 学习机制。为了验证 SCS 学习的重要性，本节将其与随机采样和类别感知采样两种采样策略进行了比较。不同采样策略的比较结果如表 6.4 所示。本节模型的 SCS 学习机制达到了最佳的总体准确率，为 88.73%。此外，本节模型方法在中部子集和尾部子集上的 Ave_acc 值优于随机采样和类别感知采样在中部子集和尾部子集上的 Ave-acc 值。

表6.4 单独训练教师模型与分层教师级学习模型的学生模型在 DOTA 数据集上的比较结果

标 识 符	随机采样	类别感知采样	自校准采样
SC1	88.66%	91.75%	87.63%
SC2	89.81%	90.74%	91.67%
SC3	94.92%	94.92%	94.92%
SC4	88.14%	86.44%	89.83%
SC5	84.06%	81.16%	75.36%
Ave_acc of T_H	89.03%	82.29%	88.01%
SC6	88.24%	88.24%	91.18%
SC7	96.77%	99.99%	96.77%
SC8	95.83%	95.83%	99.99%
SC9	99.99%	96.55%	89.66%
SC10	75.56%	73.33%	82.22%
SC11	84.85%	87.88%	90.91%
Ave_acc of T_M	89.55%	89.55%	91.82%
SC12	77.27%	81.82%	81.82%
SC13	72.22%	83.33%	77.78%
SC14	94.44%	94.44%	99.99%
SC15	83.33%	83.33%	94.44%
SC16	99.99%	99.99%	99.99%
SC17	85.00%	85.00%	85.00%
SC18	99.99%	92.86%	92.86%
SC19	99.99%	99.99%	99.99%
SC20	55.00%	40.00%	50.00%
SC21	66.67%	66.67%	77.78%
SC22	95.00%	99.99%	95.00%
SC23	99.99%	99.99%	99.99%
Ave_acc of T_T	84.51%	84.51%	86.85%
平均精度	88.00%	88.12%	88.73%

（3）超参数 α 对 SCS 学习的影响。

本节建立了一个学习质量评估来更新类别 c 在批量训练过程中的采样权重 w_c，其中引入了一个超参数 α 来调节 w_c 的影响。α 越大，权重 w_c 越大。为了获得合适的 α，将其设置为 25、50、75 和 100 进行了一系列实验。超参数 α 对 SCC 学习的影响实验数据如表 6.5 所示。可以看到，当 α 取 75 时，结果更好，总体平均准确率可以达到 88.73%，中部子集和尾部子集的平均准确率分别为 91.82% 和 86.85%。

表6.5 超参数 α 对 SCS 学习的影响实验数据

标 识 符	25	50	75	100
SC1	88.66%	89.69%	87.63%	89.69%
SC2	89.81%	87.96%	91.67%	90.74%

（续表）

标 识 符	25	50	75	100
SC3	96.61%	94.92%	94.92%	91.53%
SC4	86.44%	84.75%	89.83%	91.53%
SC5	84.06%	79.71%	75.36%	81.16%
Ave_acc of T_H	89.03%	87.50%	88.01%	89.03%
SC6	88.24%	94.12%	91.18%	91.18%
SC7	99.99%	99.99%	96.77%	93.55%
SC8	95.83%	99.99%	99.99%	95.83%
SC9	96.55%	93.10%	89.66%	93.10%
SC10	68.89%	75.56%	82.22%	62.22%
SC11	93.94%	84.85%	90.91%	84.85%
Ave_acc of T_M	89.55%	90.91%	91.82%	85.91%
SC12	86.36%	83.36%	81.82%	77.27%
SC13	77.78%	77.78%	77.78%	77.78%
SC14	99.99%	99.99%	99.99%	99.99%
SC15	94.44%	83.33%	94.44%	83.33%
SC16	99.99%	99.99%	99.99%	99.99%
SC17	85.00%	85.00%	85.00%	85.00%
SC18	92.86%	92.86%	92.86%	99.99%
SC19	99.99%	99.99%	99.99%	95.83%
SC20	50.00%	45.00%	50.00%	65.00%
SC21	61.11%	83.33%	77.78%	66.67%
SC22	99.99%	99.99%	95.00%	99.99%
SC23	90.91%	99.99%	99.99%	99.99%
Ave_acc of T_T	85.92%	86.85%	86.85%	86.38%
平均准确率	88.36%	88.24%	88.73%	87.52%

6.2.4.4 对比实验

本节内容将提出的方法与五种方法进行对比，包括 RIDE[15]、BKD[24]、ResLT[25]、LDAM[26]和 LAL[27]，为了公平起见，实验中使用这些方法的原始代码并参考其论文中的实验参数设置，使用 FGSC-23 数据集和 DOTA 数据集重新训练对比方法的模型。

（1）在 FGSC-23 数据集上的对比：不同方法在 FGSC-23 数据集上的结果如表 6.6 所示。其中，Ave-acc of S 为学生模型的平均准确率。可以看到，本节方法平均准确率最高，达到 88.73%，比其他方法高出 20%～30%。特别是对于中部子集和尾部子集，与其他五种方法相比，本节方法通常具有更好的性能。

（2）在 DOTA 数据集上的对比：表 6.7 给出了不同方法在 DOTA 数据集上的结果。本节方法的平均准确率为 96%，效果最好。

总的来说，本节方法提高了头部、中部、尾部子集的分类精度。因此，本节方法可以提高中部数据和尾部数据的分类性能，从而缓解遥感图像中长尾目标识别的影响。

表 6.6 不同方法在 FGSC-23 数据集上的结果

标 识 符	RIDE	BKD	ResLT	LDAM	LAL	本节方法
SC1	73.21%	57.73%	62.89%	58.76%	75.26%	87.63%
SC2	33.33%	71.30%	73.15%	71.30%	72.22%	91.67%
SC3	18.31%	84.75%	74.58%	88.14%	42.37%	94.92%
SC4	28.99%	77.97%	61.02%	77.97%	18.64%	89.83%
SC5	26.76%	34.78%	31.88%	24.64%	47.83%	75.36%
SC6	82.81%	76.47%	79.41%	64.71%	64.71%	91.18%
SC7	35.37%	54.84%	67.74%	74.19%	58.06%	96.77%
SC8	55.56%	72.92%	83.33%	79.17%	68.75%	99.99%
SC9	72.83%	72.41%	72.41%	75.86%	79.31%	89.66%
SC10	35.71%	46.67%	46.67%	20.00%	42.22%	82.22%
SC11	49.41%	27.27%	27.27%	27.27%	21.21%	90.91%
SC12	26.15%	59.09%	45.45%	50.00%	27.27%	81.82%
SC13	39.73%	66.67%	33.33%	38.89%	27.78%	77.78%
SC14	31.71%	61.11%	61.11%	38.89%	27.78%	99.99%
SC15	33.33%	55.56%	38.89%	44.44%	55.56%	94.44%
SC16	60.66%	99.99%	99.99%	90.00%	80.00%	99.99%
SC17	55.88%	70.00%	35.00%	85.00%	50.00%	85.00%
SC18	82.35%	99.99%	85.71%	99.99%	42.86%	92.86%
SC19	89.33%	99.99%	99.99%	91.67%	91.67%	99.99%
SC20	46.97%	65.00%	50.00%	55.00%	40.00%	50.00%
SC21	44.12%	61.11%	50.00%	50.00%	44.44%	77.78%
SC22	94.64%	95.00%	99.99%	85.00%	45.00%	95.00%
SC23	97.06%	99.99%	81.82%	99.99%	99.99%	99.99%
Ave_acc of S	57.27%	65.94%	62.55%	62.42%	53.45%	88.73%

表 6.7 不同方法在 DOTA 数据集上的结果

标 识 符	RIDE	BKD	ResLT	LDAM	LAL	本节方法
TA1	78.72%	82.61%	89.45%	83.93%	92.04%	94.19%
TA2	81.12%	87.04%	96.17%	89.97%	96.83%	98.36%
TA3	87.29%	93.78%	95.50%	94.12%	94.10%	94.58%
TA4	92.66%	65.09%	97.57%	79.53%	84.05%	93.75%
TA5	84.19%	84.31%	96.41%	91.05%	91.53%	97.18%
TA6	90.74%	82.83%	96.04%	90.44%	96.52%	99.53%
TA7	88.51%	82.83%	94.90%	91.00%	90.58%	97.82%
TA8	89.25%	88.41%	92.18%	92.27%	83.86%	66.59%
TA9	90.20%	81.71%	61.76%	89.08%	84.74%	95.53%
TA10	73.64%	87.38%	82.35%	81.31%	83.18%	95.79%
TA11	76.51%	40.15%	91.30%	77.27%	50.76%	87.12%
TA12	61.24%	33.33%	90.48%	61.81%	74.31%	88.89%

（续表）

标 识 符	RIDE	BKD	ResLT	LDAM	LAL	本节方法
TA13	86.53%	36.99%	54.55%	35.62%	45.21%	79.45%
TA14	69.07%	15.64%	82.14%	54.19%	51.40%	79.89%
TA15	73.29%	54.90%	83.33%	67.32%	55.56%	86.93%
Ave_acc of S	81.54%	84.74%	94.97%	89.16%	92.77%	96.00%

6.2.4.5 噪声鲁棒性

本节分析了模型对含噪声的遥感图像的目标识别性能。通过加入随机方差为 0.0005 ~ 0.001 的高斯噪声来生成噪声图像。在表 6.8 和表 6.9 中可以看到，与无噪声遥感图像模型相比，含噪声遥感图像模型取得了不错的目标识别性能。

表 6.8　FGSC-23 数据集含噪声遥感图像性能测试

标 识 符	无噪声遥感图像	含噪声遥感图像	标 识 符	无噪声遥感图像	含噪声遥感图像
SC1	87.63%	86.60%	SC13	77.78%	77.78%
SC2	91.67%	89.81%	SC14	99.99%	94.44%
SC3	94.92%	94.92%	SC15	94.44%	94.44%
SC4	89.83%	89.83%	SC16	99.99%	99.99%
SC5	75.36%	75.36%	SC17	85.00%	85.00%
SC6	91.18%	91.18%	SC18	92.86%	92.86%
SC7	96.77%	96.77%	SC19	99.99%	99.99%
SC8	99.99%	97.92%	SC20	50.00%	30.00%
SC9	89.66%	89.66%	SC21	77.78%	66.67%
SC10	82.22%	80.00%	SC22	95.00%	95.00%
SC11	90.91%	90.91%	SC23	99.99%	99.99%
SC12	81.82%	77.27%	平均准确率	88.73%	87.15%

表 6.9　DOTA 数据集含噪声遥感图像性能测试

标 识 符	无噪声遥感图像	含噪声遥感图像	标 识 符	无噪声遥感图像	含噪声遥感图像
TA1	94.16%	94.46%	TA9	95.53%	94.21%
TA2	98.36%	97.56%	TA10	95.79%	71.03%
TA3	94.58%	93.66%	TA11	87.12%	82.58%
TA4	93.75%	73.92%	TA12	88.89%	70.14%
TA5	97.18%	97.08%	TA13	79.45%	80.82%
TA6	99.53%	96.13%	TA14	79.89%	49.16%
TA7	97.82%	91.41%	TA15	86.93%	90.85%
TA8	66.59%	65.68%	平均准确率	96.00%	93.84%

6.3　风格内容度量学习的多域遥感目标识别

6.3.1　方法背景

6.2 节讨论了针对长尾数据集的层次蒸馏的遥感目标识别模型。本节将聚焦包含域差异的多域数据集。具体而言，不同来源的遥感图像存在着明显的风格（颜色、分辨率、噪声、对比度等)差异,这种差异被称为域差异,而因为域差异的存在,导致在已知数据集上进行训练并取得良好指标的深度学习模型,在进行实际部署处理新数据时会发生指标下降现象。具体而言,一方面由于不同的成像平台、成像设备及后处理方式,在不同的遥感数据集之间存在明显的风格差异,另一方面由于不同的成像时间周期和天气,即使是同一个数据集内同一类别的图像也可能呈现不同的风格。如图 6.9 所示,其子图(a)中左上、右上、左下和右下图像框表示图像分别来自 DOTA、NWPU VHR-10、DIOR 和 HRRSD 数据集,无论是否来自同一数据集或同一种类,不同图像之间都存在着较大的风格差异,如颜色、分辨率、对比度等。值得注意的是,现有研究指出卷积神经网络模型会严重倾向于利用图像浅层次的、模式化的风格信息进行数据分布的拟合归纳,而非使用深层次的、抽象的内容信息。卷积神经网络模型对于风格的敏感性导致其在风格分布随着域变化而发生变化时的指标下降,进而损害网络模型的泛化性能。

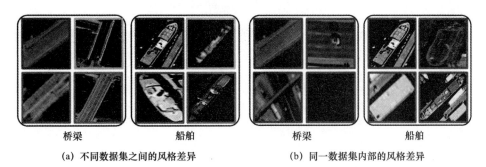

(a) 不同数据集之间的风格差异　　　　(b) 同一数据集内部的风格差异

图 6.9　数据集之间和数据集内部的风格差异

基于上述分析,本节提出了端对端的三重风格内容度量学习网络模型框架(Triplet Style-Content Metric learning framework,TSCM),以此来消除风格差异对于遥感图像目标分类卷积神经网络模型的不利影响,进而提升网络模型的泛化性能。三重风格内容度量学习思想示意图如图 6.10 所示,其中不同形状代表不同类别,灰度等级代表不同风格,卷积神经网络模型倾向于利用风格信息进行图像分类,这样会造成错误的决策边界,导致在随着域变化图像风格进行变化时分类准确率下降。本节提出的三重风格内容度量学习,鼓励模型学习内容特征,进而获得准确的决策边界。

具体来说,本节提出的方法利用基于风格内容解耦互换的度量学习来限制卷积神经网络模型提取基于内容的特征而非基于风格的,进而提升网络对于内容的敏感性和风格的鲁棒性,最终获得较好的泛化性能。将输入图像 x 和与输入图像类别相同的正样本 x^+,以及一个和输入图像类别不同的负样本 x^- 送入 TSCM,本节方法会通过风格内容解耦互换融合模块(Style Exchange Module,SEM)将其分解并融合为四个融合特征,分别是输入图像的内容融合正样本风格的 $h_{x^+}^x$、输入图像的内容融合负样本风格的 $h_{x^-}^x$、正样本内容融合输入图像风格的 $h_x^{x^+}$ 和负样本内容融合输入图像风格的 $h_x^{x^-}$,这些经过设计的风格内容组合的特征随后会被送入分类器进行分类获得这些特征对应的分类输出 $\hat{y}_{x^+}^x$、$\hat{y}_{x^-}^x$、$\hat{y}_x^{x^+}$ 和 $\hat{y}_x^{x^-}$,最后三个对应的度量损失施加到对应的分类器输出上,约束相同种类内容对应的输出相互靠近，不同种类对应的输出相互远离。不同种类图像的风格内容组合的图像示意图如图 6.11 所示，其中纵坐标表示内容来源，横坐标表示风格来源。经过风格内容解耦互换融合模块之后的图像获得了风格来源图像的颜色、纹理等模式化信息，但是形状、结构等抽象化的语义信息仍然被保留下来，本节方法约束卷积神经网络模型倾向于使用抽象化的语义信息进行遥感图像目标分类，而非使用模式化的、易受到跨域图像分布变化影响的风格信息来进行遥感图像目标分类方法。

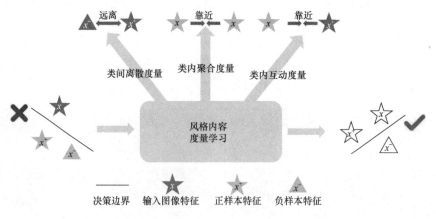

图 6.10　三重风格内容度量学习思想示意图

相同内容的特征对应分类器输出相互靠近的三个度量分别为类间离散度量、类内聚合度量、类内互动度量。类间离散度量（Inter-Class Dispersion Metric）约束网络模型，将正样本的内容融合输入图像风格的特征对应的输出 $\hat{y}_x^{x^+}$ 和负样本内容融合输入图像风格的特征对应的输出 $\hat{y}_x^{x^-}$ 在分类输出的向量空间上相互远离，此二者都有来自输入图像的风格，但有着来自正样本和负样本不同种类的内容，约束网络对其输出进行区分有助于网络获得能够提取内容相关而非风格相关的模型参数。类内聚合度量（Intra-Class Compactness Metric）约束网络对输入图像的内容融合正样本的风格特征对应的输出 $\hat{y}_{x^+}^{x}$ 和输入图像的内容融合负样本的风格特征对应的输出 $\hat{y}_{x^-}^{x}$ 在分类输出的向量空间上相互靠近，此二者都有来自输入图像的内容信息，但有着来自正样本的和负样本的不同风格的特征，类内聚合度量约束网络对于同样的内容无论融合了相同类别、不同图像，还是不同类别、不同图像的风格都有相同的输出，进而使得网络获得内容敏感风格鲁棒的特征提取能力。类内互动度量（Intra-Class Interaction Metric）主要关注的是种类之内不同图像之间的风格差异，这样的风格差异相较于跨种类的差异更为微妙，但仍然会损害网络模型的泛化性能，因此类内互动度量对于输入图像内容融合正样本风格的特征对应的输出 $\hat{y}_{x^+}^{x}$ 和正样本内容融合输入图像风格的特征对应的输出 $\hat{y}_x^{x^+}$ 进行相互靠近约束，也就是正样本和输入图像之间的内容风格互换之后网络模型可以将二者输出到分类输出向量空间的相同位置。借助类内互动度量可以有效利用类内的风格差异，让网络模型对于微小的风格差异也有足够的鲁棒性，进而获得足够的泛化性能。

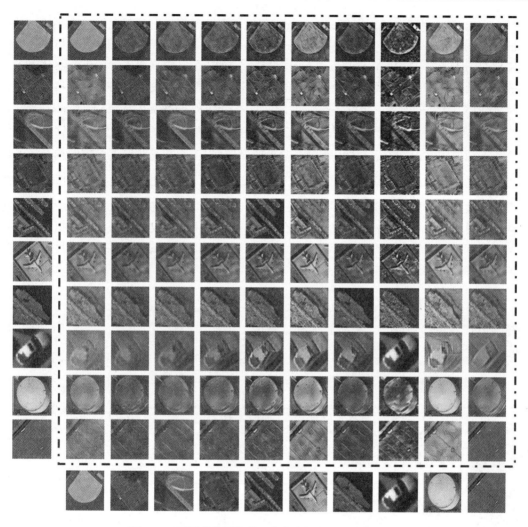

图 6.11 不同种类图像的风格内容组合的图像示意图

综上所述,本节的主要内容如下。

(1) 本节基于不同数据集和相同数据集图像间都存在风格差异的特点,提出了端对端的三重风格内容度量学习网络模型框架,进行遥感图像目标分类卷积神经网络模型泛化性能的提升。

(2) 本节提出了类间离散度量、类内聚合度量、类内互动度量三种相辅相成的度量学习约束方式,来约束卷积神经网络模型捕获与风格无关和有内容偏见的特征,从而提升遥感图像目标分类方法的泛化性能。

(3) 在四个广泛使用的遥感数据集上进行大量的实验,证明了本节方法与其他方法相比具有优越的性能。

6.3.2 风格内容度量学习的多域遥感目标识别网络模型

本节提出的三重风格内容度量学习网络模型框架如图 6.12 所示,在网络结构上主要包括三个组成部分：特征提取器（Feature Extractor，FE）、风格内容解耦互换融合模块（Style Exchange Module，SEM）和分类器（Classifier，CL）。首先，将输入图像 x 和与输入图像类别相同的正样本 x^+，以及一个与输入图像类别不同的负样本 x^- 送入特征提取器获得中间层的输入图像特征 h、正样本特征 h^+ 及负样本特征 h^-；然后，使用风格内容解耦互换融合模块进行输入图像特征 h、正样本特征 h^+ 及负样本特征 h^- 的内容风格解耦互换融合，获得输入图像的内容融合正样本风格 $h_{x^+}^x$、输入图像的内容融合负样本风格 $h_{x^-}^x$、正样本的内容融合输入图像风格 $h_x^{x^+}$ 和负样本内容融合输入图像风格 $h_x^{x^-}$，并且将风格内容解耦互换的特征进一步送入分类器获得分类输出向量空间的 $\hat{y}_{x^+}^x$、$\hat{y}_{x^-}^x$、$\hat{y}_x^{x^+}$ 和 $\hat{y}_x^{x^-}$；最后，使用类间离散度量、类内聚合度量、类内互动度量对分类输出向量空间的向量进行约束，使得网络对于内容信息敏感、对于风格信息鲁棒，最终获得一个泛化性能良好、在已知数据分布的数据集上训练后在未知数据分布的数据集上测试仍可以获得良好效果的遥感图像目标分类方法的卷积神经网络模型。

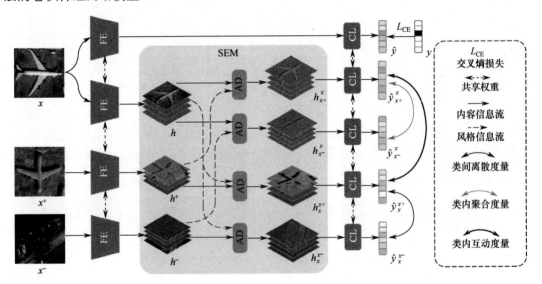

图 6.12　本节提出的三重风格内容度量学习网络模型框架

6.3.2.1　风格内容解耦互换融合模块

遥感图像的相关信息可以被视为风格信息（颜色和纹理等）和内容（语义特征和行为模式等）信息的组合，而内容信息是卷积神经网络模型进行图像目标分类的决定因素。因此，将输入图像中的风格和内容解耦，然后通过图 6.13 中的风格内容解耦互换融合模块重新组合它们，这旨在获得一个内容敏感、风格鲁棒的特征提取器，使得相应的卷积神经网络模型可以推广到未知数据分布的数据域上。

具体地，将输入图像 x 和与输入图像类别相同的正样本 x^+，以及一个和输入图像类别不同的负样本 x^- 送入特征提取器获得中间层的输入图像特征 h、正样本特征 h^+ 及负样本特征 h^-，特征的维度是 $\mathbf{R}^{C \times H \times W}$，其中 C 表示特征的通道维度，H 和 W 分别表示高度维度和宽度维度。对于特征 $f \in \{h, h^+, h^-\}$，用通道维度的均值 $\mu(h) \in \mathbf{R}^C$ 和方差 $\sigma(h) \in \mathbf{R}^C$ 来表示该特征的风格信息，公式如下：

$$\mu(f) = \frac{1}{HW} \sum_{i=1}^{H} \sum_{j=1}^{W} f_{i,j} \tag{6.7}$$

$$\sigma(f) = \sqrt{\frac{1}{HW} \sum_{i=1}^{H} \sum_{j=1}^{W} [f_{i,j} - \mu(f)]^2 + \varepsilon} \tag{6.8}$$

式中，i 和 j 分别表示对应特征 f 在 (i,j) 位置的值 $f_{i,j} \in \mathbf{R}^C$；ε 表示一个防止方差 $\sigma(f)$ 趋于 0 的偏置。获得了均值和方差之后，风格内容解耦互换融合模块将对应的输入风格和内容通过自适应实例归一化的方式[28]进行组合。

自适应实例归一化的方式主要是通过实例归一化及其对应的逆过程将不同特征的均值和方差进行互换，因为均值和方差代表着相应的风格信息，因此互换之后可以获得对应输入的内容和风格的组合。自适应实例归一化（AdaIN）示意图如图 6.13 所示，具体过程如下：

$$h_{x^+}^{x} = \sigma(h^+)\left(\frac{h - \mu(h)}{\sigma(h)}\right) + \mu(h^+) \tag{6.9}$$

$$h_{x^-}^{x} = \sigma(h^-)\left(\frac{h - \mu(h)}{\sigma(h)}\right) + \mu(h^-) \tag{6.10}$$

$$h_{x}^{x^+} = \sigma(h)\left(\frac{h^+ - \mu(h^+)}{\sigma(h^+)}\right) + \mu(h) \tag{6.11}$$

$$h_{x}^{x^-} = \sigma(h)\left(\frac{h^- - \mu(h^-)}{\sigma(h^-)}\right) + \mu(h) \tag{6.12}$$

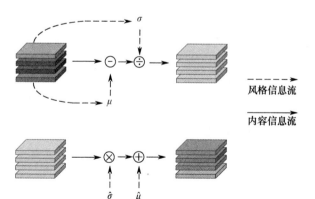

图 6.13　自适应实例归一化（AdaIN）示意图

对于每个融合特征 $h_{\text{sub}}^{\text{sup}}$，上标 sup 表示特征的内容来源，下标 sub 表示特征的风格来源。

6.3.2.2　风格内容度量学习

经过风格内容解耦互换融合获得输入图像的内容融合正样本风格 $h_{x^+}^{x}$、输入图像的内容

融合负样本风格 $h_x^{x^-}$、正样本的内容融合输入图像风格 $h_x^{x^+}$ 和负样本内容融合输入图像风格 $h_x^{x^-}$，将风格内容互换解耦的特征进一步送入分类器获得分类输出向量空间的 $\hat{y}_{x^+}^x$、$\hat{y}_{x^-}^x$、$\hat{y}_x^{x^+}$ 和 $\hat{y}_x^{x^-}$，对应的向量维度为 $\hat{y} \in \mathbf{R}^P$，其中 P 表示对应的类别数量，类间离散度量、类内聚合度量、类内互动度量作用在对应的 $\hat{y}$ 上，约束卷积神经网络模型获得内容敏感风格鲁棒的特征提取能力。

（1）类间离散度量。

不同的遥感图像目标类别有不同的内容，将来自不同类别的图像内容信息与相同的图像风格信息融合，可以获得内容不同但风格一致的融合特征，进而用来构建类间离散度量，正样本内容融合输入图像风格 $h_x^{x^+}$ 与负样本内容融合输入图像风格 $h_x^{x^-}$ 有分别来自正样本和负样本不同类别的内容信息，以及融合了来自输入图像的风格信息，据此可以构建二者之间的类间离散度量损失，并将其施加在对应的分类器输出向量 $\hat{y}_x^{x^+}$ 和 $\hat{y}_x^{x^-}$ 上，公式如下：

$$L_{\mathrm{ID}} = -\log\left(1 - \max\left(0, \frac{1}{N}\sum_{i=0}^{N}\frac{(\hat{y}_x^{x^+})^{\mathrm{T}}\hat{y}_x^{x^-}}{\|\hat{y}_x^{x^+}\| \cdot \|\hat{y}_x^{x^-}\| + \varepsilon}\right)\right) \tag{6.13}$$

式中，N 表示批次的图像数量；T 表示对于特征矩阵的转置。值得注意的是，类间离散度量使用了 ReLu 激活函数及对数来进行度量的构建。首先对于 $\hat{y}_x^{x^+}$ 和 $\hat{y}_x^{x^-}$ 之间的相似度度量使用了余弦相似度，即二者的点积与二者的模长之积的比值，但是直接通过余弦相似度获得的度量取值范围为 (−1,1)，类间离散度量损失约束网络模型对于不同类别的图像特征之间不相关且不相反，也就是在分类器输出的向量空间中二者至少为正交的关系；若直接约束余弦相似度为最小值−1，则将驱使网络模型对于不同类别的图像特征进行相反的映射，这样将会降低网络模型的分类准确率。因此，类间离散度量通过 ReLu 激活函数和平移操作将 $\hat{y}_x^{x^+}$ 和 $\hat{y}_x^{x^-}$ 之间的相似度度量的取值范围偏移至 (0,1)，进而获得更好的特征之间的离散效果。

通过利用类间离散度量，网络模型尽可能地将具有相同风格特征但有来自正样本和负样本不同内容信息的特征相互离散，进而鼓励网络根据内容而不是风格来做出决策，获得更加精确的决策边界。

（2）类内聚合度量。

仅仅分散来自不同类别的样本并不能充分减少不同风格对于卷积神经网络模型泛化性能的不利影响，网络模型会倾向于将不同图像的特征在特征空间中离散到不同的位置，而不会进一步把相同类别的图像特征聚合到相应的正确决策边界之内，并且特征点分布离散程度过高也会导致网络模型对于数据分布的正确拟合程度下降，导致分类准确率及泛化性能进一步下降。因此，需要类内聚合度量将输入图像的内容融合正样本风格 $h_x^{x^+}$ 和输入图像的内容融合负样本风格 $h_x^{x^-}$ 特征在分类器输出向量空间上进行聚合。具体而言，类内聚合度量施加在 $\hat{y}_x^{x^+}$ 和 $\hat{y}_x^{x^-}$ 上，使得二者之间的分布尽可能相近，具体过程如下：

$$L_{\text{IC}} = -\log\left(\frac{1}{2N}\sum_{i=0}^{N}\frac{(\hat{y}_{x^+}^{x})^{\text{T}}\hat{y}_{x^-}^{x}}{\|\hat{y}_{x^+}^{x}\|\cdot\|\hat{y}_{x^-}^{x}\|+\varepsilon} + \frac{1}{2}\right) \quad (6.14)$$

与类间离散度量相同，$\hat{y}_{x^+}^{x}$ 和 $\hat{y}_{x^-}^{x}$ 之间的相似度度量使用了余弦相似度的方式进行相似度计算，但是类内聚合度量使用了对数损失来加速余弦相似度的推理与偏导反传的训练过程，使用形如 $f(x)=\frac{1}{2}(x+1)$ 的方法将相似度度量的取值范围从 $(-1,1)$ 线性变换到 $(0,1)$，以此将相似度度量添加到负的对数函数中，来加速网络模型的训练。

（3）类内互动度量。

类间离散度量和类内聚合度量分别使用了相同图像的风格融合不同类别图像的内容与相同图像的内容融合不同类别图像的风格来进行特征融合及对应的度量损失的构建。但是正如 6.3.1 节中的介绍，相同类别的图像之间也会有风格的差异，因此本节方法还提出了使用类内互动度量来减少这种细微的风格差异带来的影响，让卷积神经网络模型即使在同类别图像的判断上也更具有鲁棒性。

具体地，类内互动度量将输入图像的内容融合正样本风格 $h_{x^+}^{x}$、正样本的内容融合输入图像风格 $h_{x}^{x^+}$ 特征在对应的分类器输出向量空间的输出向量 $\hat{y}_{x^+}^{x}$ 和 $\hat{y}_{x}^{x^+}$ 上进行相互靠近的约束。实际上，$h_{x^+}^{x}$ 与 $h_{x}^{x^+}$ 是来自相同类别的输入图像特征与正样本特征的内容风格互换的结果，因此称之为类内互动度量，具体计算过程如下：

$$L_{\text{II}} = -\log\left(\frac{1}{2N}\sum_{i=0}^{N}\frac{(\hat{y}_{x^+}^{x})^{\text{T}}\hat{y}_{x}^{x^+}}{\|\hat{y}_{x^+}^{x}\|\cdot\|\hat{y}_{x}^{x^+}\|+\varepsilon} + \frac{1}{2}\right) \quad (6.15)$$

相应计算过程与类内聚合度量相似，此处不再重复介绍。

6.3.3 模型训练

类间离散度量、类内聚合度量和类内互动度量的构建都是出于提升网络泛化性能的目的，主要方式是约束相同类别图像的内容在分类器输出向量空间上相互靠近，不同类别图像的内容在分类器输出向量空间上相互远离，而这个过程中网络模型不受风格信息的影响。由于进行遥感图像目标分类的卷积神经网络模型具体的任务是进行包含遥感目标的图像的分类，因此还需要分类损失的建立，此处使用了最常见的分类损失，即交叉熵损失，公式如下：

$$L_{\text{CE}} = -\frac{1}{N}\sum_{i=1}^{N}y_i\log\hat{y}_i \quad (6.16)$$

式中，y_i 表示输入索引为 i 的图像的真值；$\hat{y}_i$ 表示网络模型对输入索引为 i 的图像的预测值。

本节提出的三重风格内容度量学习网络模型框架是一个端到端的训练方法，三个度量学习的度量损失与分类的交叉熵损失函数进行联合训练，公式如下：

$$L_{\text{all}} = L_{\text{CE}} + \alpha L_{\text{ID}} + \beta L_{\text{II}} + \gamma L_{\text{IC}} \quad (6.17)$$

式中，α、β 及 γ 分别是类间离散度量、类内聚合度量和类内互动度量对应的权重。

6.3.4 实验

6.3.4.1 实验参数、设备及框架

本节所使用的三重风格内容度量学习网络模型在 Ubuntu 18.04 系统的服务器上进行训练和推理，并且使用 RTX 1080Ti GPU 及与之对应的 CUDA（Compute Unified Device Architecture）并行化计算架构，它可以利用显卡的图形处理器（Graphics Processing Unit，GPU）的大规模并行计算能力来加速卷积神经网络模型的矩阵运算、参数更新。调整输入图像为 256 像素×256 像素，批量大小为 36，使用 Adam 优化器进行参数的更新，学习率设置为 0.000125，并且每轮训练进行学习率的衰减参数为 0.99 的指数衰减。偏置 ε 设置为 1×10^{-6} 用来防止除数或平方根趋于零。式（6.17）中的超参数 α、β 及 γ 分别设置为 $\alpha=0.1$，$\beta=0.5$ 及 $\gamma=0.5$，经过实验验证这是最优的超参数设置。本节提出的三重风格内容度量学习网络模型框架主要使用 ResNet50[28]作为特征提取器及分类器，具体来说，使用在 ImageNet 上预训练的 ResNet50 参数作为初始参数，使用 ResNet50 的前四个卷积模块（Convolution Block）作为特征提取器，剩余的部分作为分类器。

6.3.4.2 使用数据集

本节使用了 NWPU VHR-10[29]、DOTA[23]、HRRSD[30]及 DIOR[31]四个数据集进行实验。具体地，本节采用四个数据集的公共种类进行分类判断，总共 10 种，这些种类分别是飞机、船舶、储油罐、棒球场、网球场、篮球场、田径场、港口、桥梁及车辆。

6.3.4.3 消融实验

本节提出的三重风格内容度量学习网络模型框架使用包含类间离散度量、类内聚合度量和类内互动度量三种度量学习方法的风格内容度量学习约束范式，鼓励模型学习内容特征，进而获得准确的决策边界。本节介绍在 DIOR 数据集上进行训练，在 NWPU VHR-10、DOTA 及 HRRSD 数据集上进行测试来验证这三种度量学习方法的作用。此外，还定性地通过 t-SNE 降维可视化图像和混淆矩阵将本节方法与基线模型 ResNet50 对比进行分析。

表 6.10 所示为本节方法和 ResNet50 在不同测试数据集上的 Top-1 准确率，可以看出本节方法在 NWPU VHR-10 数据集上的整体准确率超过 ResNet50 约 11.8%，在 HRRSD 数据集上超过 5.0%，在 DOTA 数据集上超过 3.2%。值得注意的是，本节提出的方法超过 ResNet50 在棒球场上的分类准确率 18.2%，超过 ResNet50 在桥梁上的分类准确率 22.5%，超过 ResNet50 在飞机上的分类准确率 11.4%，这表明风格内容度量可以鼓励模型更关注内容，并且抑制风格信息带来的扰动，从而实现了更好的遥感图像目标分类的效果，实现了更好的泛化性能。

表 6.10　本节方法和 ResNet50 在不同测试数据集上的 Top-1 准确率

类　　别	NWPU VHR-10		HRRSD		DOTA	
	本节方法	ResNet50	本节方法	ResNet50	本节方法	ResNet50
棒球场	**99.5%**	97.9%	**58.9%**	38.2%	**78.0%**	41.1%
篮球场	**97.5%**	93.7%	**59.2%**	58.8%	**91.7%**	85.6%
桥梁	**89.5%**	60.5%	**84.6%**	68.6%	**75.6%**	38.6%
田径场	**99.4%**	94.5%	82.0%	**89.4%**	**72.2%**	47.9%
港口	**100.0%**	100.0%	65.8%	**88.0%**	71.8%	**72.2%**
飞机	**97.4%**	82.2%	**64.9%**	59.6%	**89.6%**	76.4%
船舶	**66.6%**	51.7%	**60.0%**	55.1%	**86.5%**	83.4%
车辆	**88.0%**	82.6%	**91.8%**	82.5%	**96.1%**	95.7%
储油罐	**89.2%**	58.3%	**96.2%**	85.4%	69.2%	**75.8%**
网球场	**81.9%**	80.2%	**81.0%**	74.0%	**95.1%**	91.4%
整体准确率	**90.3%**	78.5%	**75.0%**	70.0%	**85.6%**	82.4%

（1）类间离散度量。

类间离散度量主要约束卷积神经网络模型对不同种类内容但有着相同风格的图像进行分离，进而提升网络的准确率与泛化性能。本节方法将式（6.17）中的类间离散度量的超参数 α 设置为 0.1，并获得了最好的效果。如表 6.11 所示，展示了使用不同类间离散度量的超参数 α 的网络模型的准确率。可以看出，当 α 从 0 增加到 0.1 时，三个数据集上的整体准确率从 81.4%增加到 83.1%，但是当 α 增大时，三个数据集上的整体准确率反而会下降，原因主要是类间离散度量只约束网络将不同内容的对象进行最大程度上的离散，而不会将来自相同种类图像的具有相同内容的特征进行聚合，类间离散度量对应的超参数 α 会使整体损失不平衡，进而导致网络模型的性能下降。

表 6.11　使用不同类间离散度量的超参数 α 的网络模型的准确率

数　据　集	类间离散度量超参数 α			
	0	0.1	0.5	1
NWPU VHR-10	87.4%	90.3%	88.7%	**92.0%**
HRRSD	**75.0%**	**75.0%**	71.7%	72.7%
DOTA	83.3%	**85.6%**	84.3%	84.5%
整体准确率	81.4%	**83.1%**	81.2%	82.0%

（2）类内聚合度量。

类内聚合度量主要约束卷积神经网络模型对于不同种类风格但有着相同内容的图像进行聚合，进而提升网络的准确率与泛化性能。本节方法将式（6.17）中的类内聚合度量的超参数 β 设置为 0.5，并获得了最好的效果。如表 6.12 所示，展示了使用不同类内聚合度量的超参数 β 的网络模型的准确率。经过实验可以看出，当 β 设置为 0.5 时，三个数据集上的整体准确率提高到 83.1%，而当 β 变为 1 时，整体准确率下降到 80.3%。这主要是因为类内聚合度量的作用是约束网络将相同内容的对象进行最大程度上的聚合，但是并不保证对应的聚合方向是正确的分类方向，因此当 β 设置过大时，会导致整体损失失衡，影响分类交叉熵损失约束网络进行正确的数据映射。

表 6.12 使用不同类内聚合度量的超参数 β 的网络模型的准确率

数 据 集	类内聚合度量超参数 β			
	0	0.1	0.5	1
NWPU VHR-10	86.5%	88.9%	**90.3%**	89.0%
HRRSD	72.1%	70.7%	**75.0%**	65.5%
DOTA	84.8%	84.8%	**85.6%**	85.5%
整体准确率	81.4%	81.3%	**83.1%**	80.3%

（3）类内互动度量。

类内互动度量约束网络模型将输入图像的内容风格互换后在对应的分类器输出向量空间上进行相互靠近。本节方法将式（6.17）中的类内互动度量的超参数 γ 设置为 0.5，并获得了最好的效果。如表 6.13 所示，展示了使用不同类内互动度量的超参数 γ 的网络模型的准确率。当 γ 从 0 增加到 0.5 时，整体准确率从 80.4%增加到 83.1%。但随着 γ 值的增大，三个数据集上的整体准确率下降到 82.8%。这主要是因为类内互动度量的作用是约束网络将相同类别不同图像内容风格互换的特征进行最大程度上的聚合，但是并不保证对应的聚合方向是正确的分类方向，因此当 γ 设置过大时，会导致整体损失的失衡，影响分类交叉熵损失约束网络进行正确的数据映射。

表 6.13 使用不同类内互动度量的超参数 γ 的网络模型的准确率

数 据 集	类内互动度量超参数 γ			
	0	0.1	0.5	1
NWPU VHR-10	90.0%	90.4%	90.3%	**91.7%**
HRRSD	65.7%	70.9%	**75.0%**	74.7%
DOTA	85.4%	85.6%	**85.6%**	85.1%
整体准确率	80.4%	82.0%	**83.1%**	82.8%

（4）可视化定性比较。

① t-SNE 降维可视化图像。

将 NWPU VHR-10 数据集、DOTA 数据集及 HRRSD 数据集中每个类别的图像随机抽取 100 幅，并送入三重风格内容度量学习网络模型和基线模型 ResNet50 进行特征提取，取得本节方法和 ResNet50 前四个卷积模块之后的特征并进行低维映射，获得对应的二维特征，将每个输入图像的特征映射为 t-SNE 图像上的一个特征点，相同的类别使用相同的颜色进行标记。

具体的 t-SNE 降维可视化图像如图 6.14（a）～图 6.14（c）所示，其分别表示的是基线模型 ResNet50 在 NWPU VHR-10、HRRSD 和 DOTA 数据集上的特征图像。从图 6.14（a）～图 6.14（c）可以看出：基线方法可以将对应的不同种类的图像的数据点映射到相近的位置，但是映射出特征点之间较为离散，且类别与类别之间的决策边界十分模糊，不能形成很明确清晰的决策边界。此外，不同类别的特征点的聚类中心之间的距离较近，易导致在聚类边界的特征点被错误划归到其他类别的聚类之中，即分类错误。

具体来说，如图6.14（a）所示，基线模型 ResNet50 在 NWPU VHR-10 数据集上将相同类别的特征映射到较为聚合的特征聚类中，但是不同聚类之间的聚类中心距离较近；如图6.14（b）所示，对于 HRRSD 数据集不同类别的图像的特征无法很好地聚类，并且特征聚类之间的边界模糊，无法进行准确的分类决策。

图6.14（d）～图6.14（f）所示为本节提出的方法在 NWPU VHR-10、HRRSD 和 DOTA 数据集上的特征图像，与基线模型 ResNet50 相反的是，本节方法将相同种类的特征较为紧凑地聚集在一起，并且不同种类的特征的聚类中心之间距离较远，进行分类的决策边界明确清晰。具体来说，来自同一个类别的图像的特征更紧密地聚集在其中心周围，这主要得益于类内聚合度量和类内互动度量对于网络的约束，这些度量约束网络对相同种类样本的特征根据其内容进行靠近。此外，本节方法映射出来的特征空间中的决策边界更加明显，其原因可能是类间离散度量约束网络模型使不同类别的图像特征彼此远离。

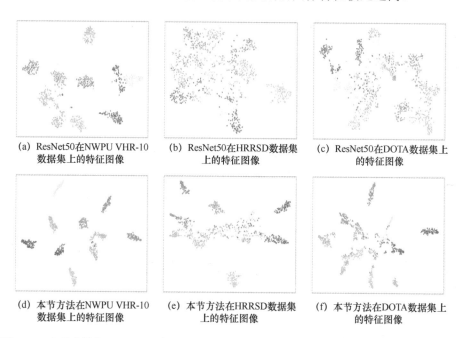

图 6.14　本节方法与 ResNet50 在 NWPU VHR-10、HRRSD 和 DOTA 数据集上的特征图像

② 混淆矩阵。

图 6.15 所示为本节方法与 ResNet50 在 NWPU VHR-10、HRRSD 和 DOTA 数据集上的混淆矩阵。标签 0～9 分别代表棒球场、篮球场、桥梁、田径场、港口、飞机、船舶、车辆、储油罐及网球场。图 6.15（a）、图 6.15（c）和图 6.15（e）表示 ResNet50 的混淆矩阵，图 6.15（b）、图 6.15（d）和图 6.15（f）表示本节方法的混淆矩阵。混淆矩阵的对角线元素表示分类准确率，可以看出的是本节方法分类准确率优于 ResNet50 方法的分类准确率。

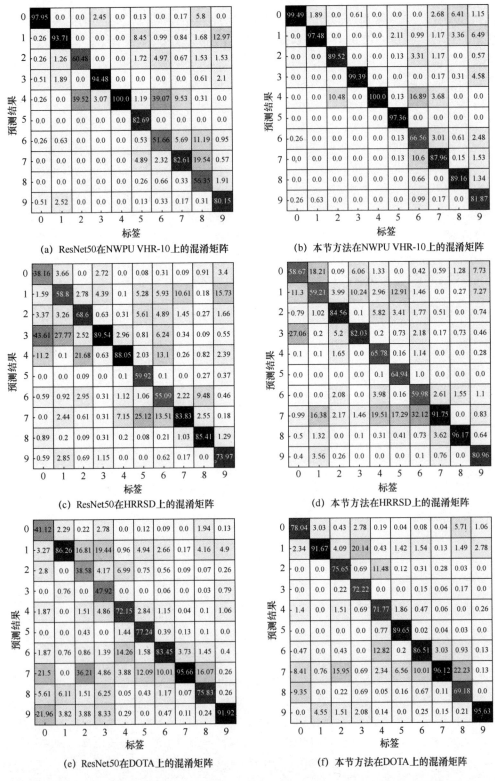

图 6.15 本节方法与 ResNet50 在 NWPU VHR-10、HRRSD 和 DOTA 数据集上的混淆矩阵

具体而言，如图6.15（a）和图6.15（b）所示，ResNet50将大量6-船舶图像错误分类为4-港口图像，而没有将4-港口图像错误分类为6-船舶图像，港口一般包含大量的船舶，遥感图像中的船舶出现的场景主要是海洋，有大量如海面的青黑颜色、海浪波纹等的海面风格信息，而港口的遥感图像大部分被海洋占据，也存在着大量的海面风格信息，因此ResNet50容易受到风格信息的影响，进而错误地将船舶分类为港口；又如图6.15（c）和图6.15（d）所示，ResNet50将大量5-飞机图像错误分类为7-车辆图像，因为HRRSD数据集中有大量的白色飞机的低分辨率图像，而这些图像与汽车图像的风格非常相似。如果仅仅通过如颜色等风格信息进行决策，那么易将对应的信息归类到汽车中进而造成分类的错误。综上所述，本节所提出的三重风格内容度量学习网络模型可以有效降低风格差异带来的影响，提升网络的性能。

6.3.4.4 对比实验

本节方法（TSCM）与其他泛化性目标分类方法进行比较，包括使用一阶矩、二阶矩进行特征正则规范化，从而获得的 MoEx[32]、从单个源域逐步扩展到增广域以增强模型的域泛化能力的PDEN[33]、通过拼图数据增强进行细粒度分类的PMG[34]、通过指导学习模式进行训练的NTS[35]、强化模型学习更多内容的SagNet[36]及从长尾分布入手训练专注感知器的 RIDE[37]等方法。为公平对比不同方法的效果，实验设置使用了不同方法对应论文中的训练参数设置技巧，并使用了相同的数据预处理方式。

（1）在DIOR数据集上训练，在NWPU VHR-10、HRRSD和DOTA数据集上测试。

通过对度量学习方法的使用，本节方法在三个测试数据集上都取得了最好的整体分类准确率，在大多数种类上也取得了最好的分类准确率。本节方法进行遥感图像目标分类的整体分类准确率为83.1%，是对比方法中最好的指标，相较于NTS提高了21.7%，相较于MoEx提高了12.2%，相较于RIDE提高了11.2%，相较于PMG提高了3.5%。

NWPU VHR-10、HRRSD和DOTA数据集中不同种类的具体指标如表6.14、表6.15和表6.16所示，在每个数据集的指标中，本节方法的指标是最好的。在不同类别的指标上，本节方法比较均衡，不同类别的图像均有较好的分类效果；而对比实验方法如NTS方法、RIDE方法，其类别精度会随着类别不同而存在较大差异，这主要是因为这些方法没有足够的泛化性能，对于不同数据集的不同类别分布不能正确地拟合。

表6.14 不同方法在DIOR数据集上训练及在NWPU VHR-10数据集上测试的分类准确率

类 别	MoEx	PDEN	SagNet	PMG	NTS	RIDE	TSCM
棒球场	98.5%	96.9%	97.2%	98.5%	**99.7%**	97.9%	**99.5%**
篮球场	91.2%	**98.1%**	98.1%	82.4%	92.5%	79.9%	**97.5%**
桥梁	75.0%	86.3%	82.3%	46.8%	83.1%	54.8%	**89.5%**
田径场	**98.8%**	**98.8%**	99.4%	82.2%	98.2%	98.2%	**99.4%**
港口	97.8%	**99.6%**	98.2%	96.9%	**100.0%**	**100.0%**	**100.0%**
飞机	98.2%	**99.3%**	99.6%	99.6%	89.6%	97.6%	97.4%
船舶	**75.2%**	52.6%	75.8%	67.2%	41.1%	34.1%	**66.6%**

（续表）

类别	MoEx	PDEN	SagNet	PMG	NTS	RIDE	TSCM
车辆	55.0%	**78.6%**	65.1%	50.2%	74.2%	65.9%	**88.0%**
储油罐	77.1%	71.5%	90.5%	77.3%	**97.4%**	85.3%	**89.2%**
网球场	87.6%	**87.8%**	88.9%	95.2%	85.7%	68.9%	81.9%
整体准确率	83.8%	85.6%	88.6%	81.8%	**86.1%**	80.0%	**90.3%**

表 6.15 不同对比方法在 DIOR 数据集上训练及在 HRRSD 数据集上测试的分类准确率

类别	MoEx	PDEN	SagNet	PMG	NTS	RIDE	TSCM
棒球场	**63.9%**	53.4%	41.5%	54.4%	45.6%	37%	**58.9%**
篮球场	27.9%	**38.6%**	54.8%	20.4%	22.7%	36.6%	**59.2%**
桥梁	72.5%	**91.3%**	83.8%	72.1%	69.0%	61.6%	**84.6%**
田径场	**81.2%**	54.4%	88.4%	74.1%	51.5%	81.1%	**82.0%**
港口	**98.5%**	92.2%	62.5%	66.9%	87.6%	**95.4%**	65.8%
飞机	82.9%	80.8%	90.3%	94.5%	52.0%	**90.5%**	64.9%
船舶	66.6%	**75.5%**	73.8%	70.8%	60.6%	49.3%	60.0%
车辆	9.6%	30.0%	54.5%	36.7%	42.4%	58.1%	**91.8%**
储油罐	81.1%	90.4%	97.2%	93.7%	**97.2%**	90.0%	**96.2%**
网球场	85.9%	**92.2%**	90.2%	91.8%	90.2%	69.4%	81.0%
整体准确率	66.6%	**70.1%**	74.2%	68.1%	62.0%	67.4%	**75.0%**

表 6.16 不同对比方法在 DIOR 数据集上训练及在 DOTA 数据集上测试的分类准确率

类别	MoEx	PDEN	SagNet	PMG	NTS	RIDE	TSCM
棒球场	43.0%	**44.9%**	45.8%	41.6%	42.5%	40.2%	**78.0%**
篮球场	67.4%	**84.8%**	87.1%	55.3%	54.5%	65.9%	**91.7%**
桥梁	25.0%	**83.0%**	76.9%	64.4%	27.2%	59.3%	**75.6%**
田径场	53.5%	**72.9%**	70.1%	67.4%	59.0%	66.0%	**72.2%**
港口	60.0%	**74.5%**	76.3%	**80.6%**	67.0%	66.8%	71.8%
飞机	77.4%	**93.6%**	94.5%	91.0%	62.3%	81.4%	89.6%
船舶	**89.1%**	84.8%	87.5%	89.5%	59.6%	70.5%	86.5%
车辆	51.8%	78.7%	89.2%	85.5%	48.3%	78.2%	**96.1%**
储油罐	54.9%	**80.2%**	72.5%	69.3%	49.9%	65.9%	**69.2%**
网球场	93.9%	**96.3%**	94.6%	96.7%	94.9%	89.7%	95.1%
整体准确率	70.6%	82.7%	**85.4%**	84.5%	57.1%	72.6%	**85.6%**

在 NWPU VHR-10 数据集上，本节方法在桥梁、田径场、港口、车辆四个类别上取得了最好的分类准确率。本节方法优于其他方法，特别是超过相对于以长尾分布来解释遥感图像分布的 RIDE 10.3%和用拼图方式来进行数据加强以训练细粒度分类模型的 PMG 8.5%。这主要是因为风格信息混淆了其他方法对于真实数据分布的拟合，从而影响了其他对比方法的指标，但本节方法是基于内容来做出决策的，因此不会受到风格信息的不利影响。

在 HRRSD 数据集上，本节方法在篮球场、车辆两个类别上分类准确率达到了最好，在棒球场、田径场、储油罐三个类别上分类准确率达到次好，在整体分类准确率上是最好的。值得注意的是，PDEN 在桥梁和网球场两个类别上都达到了峰值，但在篮球场、田径场和车辆三个类别上分别落后于本节方法 20.6%、27.6% 和 61.8%，PDEN 的分类准确率随类别变化较大，从而降低了 PDEN 的整体指标。

在 DOTA 数据集上，本节方法在棒球场、篮球场、车辆三个类别上都取得了最好的结果。此外，本节方法在车辆类别上表现尤为突出，超过了 NTS 47.8%，这些方法无法将低分辨率、风格差异较大的车辆正确分类。

（2）在 DOTA 数据集上训练，在 NWPU VHR-10 数据集、DIOR 数据集和 HRRSD 数据集上测试。

在这里给出了总体精度组合，如表 6.17 所示。本节模型在这三个测试数据集上都达到了最好的整体准确率。例如，本节模型获得了 85.0% 的整体准确率，分别比 PMG 高 6.5%、比 NTS 高 3.9%、比 MoEx 和 RIDE 高 2.7%、比 SagNet 高 2.3%、比 PDEN 高 1.4%。

表 6.17　不同对比方法在 DOTA 数据集上训练及在三个测试数据集上测试的整体准确率

类　　别	MoEx	PDEN	SagNet	PMG	NTS	RIDE	TSCM
NWPU VHR-10	82.4%	**86.0%**	84.9%	76.2%	83.8%	82.2%	***86.2%***
DIOR	83.3%	85.4%	83.9%	81.2%	83.3%	83.5%	***86.2%***
HRRSD	**71.4%**	62.6%	68.5%	50.0%	57.3%	69.7%	***71.9%***
整体准确率	82.3%	83.6%	82.7%	78.5%	81.1%	82.3%	***85.0%***

6.4　小结

本章针对复杂样本分布的遥感目标提出了两种模型。第一种模型主要针对遥感数据集的长尾分布问题。6.2 节提出了一个层次蒸馏的遥感目标识别模型。该模型设计分层教师级学习框架，将长尾分布的数据集分为头部、中部和尾部子集，利用头部子集良好的特征提取能力，帮助中部和尾部教师模型改进特征提取能力，本模型充分利用头部子集数据量充足的优势，通过知识蒸馏的方式，使教师模型之间互相促进，共同学习，提高了目标识别的性能。第二种模型主要针对多域遥感数据集的域差异问题。6.3 节主要设计了一种基于内容风格度量的多域遥感图像识别模型。本节提出了域差异主要体现在图像风格差异上，并且综合考虑不同数据集图像间和同一数据集图像都存在风格差异这一特点，设计了一种基于风格内容度量的模型。基于风格内容度量，监督风格互换模块将风格内容信息解耦互换，通过监督相同类别、不同风格图像特征靠近，不同类别、相同风格特征远离，从而提高模型的内容敏感性和风格鲁棒性。本章提出的分层教师蒸馏的思想还可以给目标检测、语义分割等任务带来启发，缓解相应任务数据集的长尾分布问题，帮助模型强制学习尾部数据样本的特征。另外，本章提出的风格内容度量还可以给多风格图像生成任务带来启发，研究设计具有内容鲁棒性、风格多样性的图像生成模型。

本章提出的两种模型适用于训练数据集分布不均匀或需要在多个数据域下识别遥感目

标的场景。在现实中，某些类别的数据样本往往是比较稀缺的。例如，军事舰船目标、特殊地质灾害目标、特种装备目标等。利用本章的算法，能使模型在数据集分布非常不均匀的情况下，也能够准确识别出数据量稀缺的目标类别。同时，本章的第二种模型能够集成到不同的拍摄设备中，即使因为拍摄设备、拍摄条件、拍摄环境不同给数据带来很大的域差异，本模型也能够较好地完成目标识别任务。

参 考 文 献

[1] ZHAO W D, LIU J N, LIU Y, et al. Teaching teachers first and then student: hierarchical distillation to improve long-tailed object recognition in aerial images[J]. IEEE Transactions on Geoscience and Remote Sensing, 2022, 60: 1-12.

[2] ZHAO W D, YANG R K, LIU Y, et al. Style-content metric learning for multidomain remote sensing object recognition[C]//Proceedings of the AAAI Conference on Artificial Intelligence. 2023, 37（3）：3624-3632.

[3] DENG J, DONG W, SOCHER R, et al. ImageNet: a large-scale hierarchical image database [C]. In 2009 IEEE Conference on Computer Vision and Pattern Recognition, 2009: 248-255.

[4] LIN T-Y , MAIRE M, BELONGIE S, et al. Microsoft COCO: common objects in context [C]. In Computer Vision-ECCV 2014: 13th European Conference, Zurich, Switzerland, September 6-12, 2014, Proceedings, Part V 13, 2014: 740-755.

[5] JEATRAKUL P, WONG K W, FUNG C C. Classification of imbalanced data by combining the complementary neural network and smote algorithm[C]//Neural Information Processing. Models and Applications: 17th International Conference, ICONIP 2010, Sydney, Australia, November 22-25, 2010, Proceedings, Part II 17. Springer Berlin Heidelberg, 2010: 152-159.

[6] TAHIR M A, KITTLER J, YAN F. Inverse random under sampling for class imbalance problem and its application to multi-label classification[J]. Pattern Recognition, 2012, 45（10）：3738-3750.

[7] BUDA M, MAKI A, MAZUROWSKI M A. A systematic study of the class imbalance problem in convolutional neural networks[J]. Neural networks, 2018, 106: 249-259.

[8] BYRD J, LIPTON Z C. What is the effect of importance weighting in deep learning?[C]//International Conference on Machine Learning. PMLR, 2019: 872-881.

[9] SHEN L, LIN Z C, HUANG Q M. Relay backpropagation for effective learning of deep convolutional neural networks[C]//Computer Vision-ECCV 2016: 14th European Conference, Amsterdam, The Netherlands, October 11-14, 2016, Proceedings, Part VII 14. Springer International Publishing, 2016: 467-482.

[10] CUI Y, JIA M L, LIN T Y, et al. Class-balanced loss based on effective number of samples[C]// Proceedings of the IEEE/CVF Conference on Computer Vision and Pattern Recognition. 2019: 9268-9277.

[11] HUANG C, LI Y N, LOY C C, et al. Learning deep representation for imbalanced classification[C]// Proceedings of the IEEE Conference on Computer Vision and Pattern Recognition. 2016: 5375-5384.

[12] REN M Y, ZENG W Y, YANG B, et al. Learning to reweight examples for robust deep learning[C]// International Conference on Machine Learning. PMLR, 2018: 4334-4343.

[13] WANG Y X, RAMANAN D, HEBERT M. Learning to model the tail[J]. Advances in neural information processing systems, 2017, 30.

[14] TAN J R, WANG C B, LI B Y, et al. Equalization loss for long-tailed object recognition[C]//Proceedings of the IEEE/CVF Conference on Computer Vision and Pattern Recognition. 2020: 11662-11671.

[15] WANG X D, LIAN L, MIAO Z Q, et al. Long-tailed recognition by routing diverse distribution-aware experts[J]. arXiv:2010.01809, 2020.

[16] XIANG L Y, DING G G, HAN J G. Learning from multiple experts: self-paced knowledge distillation for long-tailed classification[C]//Computer Vision-ECCV 2020: 16th European Conference, Glasgow, UK, August 23-28, 2020, Proceedings, Part V 16. Springer International Publishing, 2020: 247-263.

[17] ZHOU B Y, CUI Q, WEI X S, et al. BBN: bilateral-branch network with cumulative learning for long-tailed visual recognition[C]//Proceedings of the IEEE/CVF Conference on Computer Vision and Pattern Recognition. 2020: 9719-9728.

[18] WANG P, HAN K, WEI X S, et al. Contrastive learning based hybrid networks for long-tailed image classification[C]//Proceedings of the IEEE/CVF Conference on Computer Vision and Pattern Recognition. 2021: 943-952.

[19] ISCEN A, ARAUJO A, GONG B, et al. Class-balanced distillation for long-tailed visual recognition[J]. arXiv:2104.05279, 2021.

[20] ZHAO Y, CHEN W C, TAN X, et al. Adaptive logit adjustment loss for long-tailed visual recognition[C]// Proceedings of the AAAI Conference on Artificial Intelligence. 2022, 36（3）: 3472-3480.

[21] SHARMA S, YU N, FRITZ M, et al. Long-tailed recognition using class-balanced experts[C]//Pattern Recognition: 42nd DAGM German Conference, DAGM GCPR 2020, Tübingen, Germany, September 28-October 1, 2020, Proceedings 42. Springer International Publishing, 2021: 86-100.

[22] ZHANG X H, LV Y F, YAO L B, et al. A new benchmark and an attribute-guided multilevel feature representation network for fine-grained ship classification in optical femote sensing images [J]. IEEE Journal of Selected Topics in Applied Earth Observations and Remote Sensing, 2020, 13: 1271-1285.

[23] XIA G-S, BAI X, DING J, et al. DOTA: A large-scale dataset for object detection in aerial images [C].In Proceedings of the IEEE Conference on Computer Vision and Pattern Recognition, 2018: 3974-3983.

[24] ZHANG S Y, CHEN C, HU X Y, et al. Balanced knowledge distillation for long-tailed learning [J]. Neuro-computing, 2023, 527: 36-46.

[25] CUI J Q, LIU S, TIAN Z T, et al. Reslt: residual learning for long-tailed recognition [J]. IEEE Transactionson Pattern Analysis and Machine Intelligence, 2022, 45(3): 3695-3706.

[26] CAO K D, WEI C, GAIDON A, et al. Learning imbalanced datasets with label-distribution-aware margin loss [J]. Advances in Neural Information Processing Systems, 2019, 32.

[27] MENON A K, JAYASUMANA S, RAWAT A S, et al. Long-tail learning via logit adjustment [J]. arXiv: 2007.07314, 2020.

[28] HUANG X, BELONGIE S. Arbitrary style transfer in real-time with adaptive instance normalization[C]// Proceedings of the IEEE International Conference on Computer Vision. 2017: 1501-1510.

[29] CHENG G, ZHOU P C, HAN J W. Learning rotation-invariant convolutional neural networks for object detection in vhr optical remote sensing images[J]. IEEE Transactions on Geoscience and Remote Sensing, 2016, 54（12）: 7405-7415.

[30] ZHANG Y L, YUAN Y, FENG Y C, et al. Hierarchical and robust convolutional neural network for very high-resolution remote sensing object detection[J]. IEEE Transactions on Geoscience and Remote Sensing, 2019, 57（8）: 5535-5548.

[31] LI K, WAN G, CHENG G, et al. Object detection in optical remote sensing images: a survey and a new benchmark[J]. ISPRS journal of photogrammetry and remote sensing, 2020, 159: 296-307.

[32] LI B, WU F, LIM S N, et al. On feature normalization and data augmentation[C]//Proceedings of the IEEE/CVF Conference on Computer Vision and Pattern Recognition. 2021: 12383-12392.

[33] LI L, GAO K, CAO J, et al. Progressive domain expansion network for single domain generalization[C]//Proceedings of the IEEE/CVF Conference on Computer Vision and Pattern Recognition. 2021: 224-233.

[34] DU R Y, CHANG D L, BHUNIA A K, et al. Fine-grained visual classification via progressive multi-granularity training of jigsaw patches[C]//Computer Vision-ECCV 2020: 16th European Conference, Glasgow, UK, August 23-28, 2020, Proceedings, Part XX. Cham: Springer International Publishing, 2020: 153-168.

[35] YANG Z, LUO T G, WANG D, et al. Learning to navigate for fine-grained classification[C]//Proceedings of the European Conference on Computer Vision (ECCV). 2018: 420-435.

[36] NAM H, LEE H J, PARK J, et al. Reducing domain gap by reducing style bias[C]//Proceedings of the IEEE/CVF Conference on Computer Vision and Pattern Recognition. 2021: 8690-8699.

[37] WANG X D, LIAN L, MIAO Z Q, et al. Long-tailed recognition by routing diverse distribution-aware experts[J]. arXiv:2010.01809, 2020.

第7章 图像融合和目标识别的实际应用

7.1 引言

图像融合是利用不同模态信息载体对于相同场景内容表述的不同侧重,通过信息融合规避彼此弱点、实现优势互补,进而完成对场景的精确、完善描述的过程[1-3]。在实际应用中图像融合往往不是最终目的,大多需要与更具实用价值的视觉任务相结合,利用融合图像的信息健壮性提升原有任务的场景鲁棒性和应用泛化性[4-6]。图像融合在实际应用中被广泛用于提高极端环境下的图像质量,本章主要介绍了几个典型环境下图像融合技术的应用,并重点讨论融合操作对原有任务提供的增益,加深对于图像融合根本目的的理解。

遥感目标识别是常规图像识别任务在遥感图像领域的迁移应用,重点解决遥感图像领域图像的差异化目标特征表示、样本分布等对于识别性能的影响[7-9]。同常规图像识别方法类似,在实际应用场景中遥感目标识别方法具有相对完整的功能性,可以独立作为遥感图像数据分析的策略,也能够在嵌入系统流程中实现进阶功能。本章主要介绍了遥感目标识别与几个典型任务流程的配合,并着重阐述将遥感目标识别方法与现有流程相结合的优势,为相关技术的工程转化提供参考和指引。

7.2 图像融合的应用

7.2.1 安防监测

安防监测系统在社会发展中扮演着至关重要的角色,对社会稳定、安全和发展起着关键性的支持作用[10-12]。从以保护人身安全为目标的犯罪预防与应急响应[13-14],到围绕生产生活秩序而展开的企业管理和城市规划[15-17],毫无疑问,现今人类社会的平稳有序运行离不开大大小小的安防监测系统在世界各个角落默默无闻地工作。随着经济社会的发展,人类对于区域安保和环境监测的需求也在日益扩大。原始的人工巡视和摄像头监视手段已难以应付复杂场景与多样化的需求,这促使传统安防监测系统迎合时代潮流做出必要的改变。近年来,得益于人工智能、大数据等新兴技术的加持,使得安防监测系统不再仅仅是简单的画面记录,而是具备了更多智能化功能与应对复杂情况的能力。人脸识别[18]、行为分析[19]、智能预警[20]等功能的加入,使得安防监测系统能够更加高效地监测和预防潜在的安全隐患;热成像[21]、震动[22]、声音[23]等多元化信息的引入,使得安防监测系统有能力应对更加恶劣复杂的工况与极端安全威胁。

通常绝大多数潜在安全威胁与环境变化,如人员入侵、突发灾害等均可在视觉信息中得到显著反馈,这使得从最初的人工巡视到简单的电子摄像头再到如今智能化多功能安防监测系统,图像数据始终是进行环境信息获取的主要途径。清晰、富有表现力的图像或视频信息无疑是实现高效安防监测系统的重要前提，但对于视觉信息的依赖也造成了常规安防监测系统的一个重要短板：对光照变化敏感。光学影像系统的工作原理决定了其在光照过弱的条件下无法实现清晰成像[24-25]，即便终端摄像头具备在一定范围内通过光圈控制进光量的能力，其成像质量也会受到光照变化的影响而产生波动。这对于大量需要昼夜交替运行在户外环境，或者长期部署于室内楼道等阴暗场所的图像获取设备是无法接受的。

根据外界光照情况进行主动光照补偿是一个简单却十分有效的策略，但这显然将会直接暴露监控节点的位置信息，产生潜在安全隐患；采用预处理算法[26-28]对图像进行处理看似可行，但其不但无法增加或恢复本就不存在于影像中的信息，反而会造成原始信息的折损，对于后续的分析处理难以起到积极作用。因此，通过融合额外信息对图像进行信息补充和增强便成了一个合理的解决方案。红外图像不受可见光影响的特性使其成了优质的融合对象。基于红外传感器通过探测物体发出的热辐射信息形成图像的原理，红外图像所提供的对象清晰结构与轮廓信息可以有效补齐可见光图像受光照影响产生的信息缺失，通过对二者的高效融合实现极端光照条件下对环境的准确描述。在此基础上，红外传感器简单可靠的结构使其可以轻松地部署各类既有监视节点，确保了图像融合方案的工程可行性。

图 7.1 所示为基于图像融合的视觉信息增强的安保监测系统示意图。红外与可见光图像融合方法被用于弱光环境中，为包括识别[29]、检测[30]、跟踪[31]等智能分析任务提供可靠、健壮的图像数据支持。在光照良好的条件下，由于原始可见光图像可以胜任后续分析任务，同时为尽量避免由融合引入的畸变和失真造成的负面影响，图像融合将不会进行。

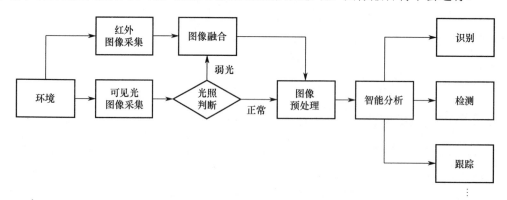

图 7.1　基于图像融合的视觉信息增强的安保监测系统示意图

在安防监测系统中应用红外与可见光图像融合算法可以有效改善因光照变化而导致的图像质量下降现象，提升系统的可靠性和稳定性。然而，对于如近乎完全黑暗、存在大量光干扰等光照条件过于恶劣的场景，由于可见光图像几乎无法提供有效信息，因此图像融合操作也难以发挥功用。应对此类非常规场景时，安防监测系统的设计可考虑完全摒弃可见光信息获取，直接采用更高精度的红外或结合其他探测方式以达到更加理想的监测效果。

7.2.2　火灾识别

作为危害人民生命和财产安全的重要因素，火灾的危害人尽皆知。然而，即便在消防安全教育宣传早已大规模普及的背景下，中国每年因火灾导致的伤亡仍有数千人之多，直接经济损失可达数十亿元[32-33]。向公众普及消防安全知识的必要性毋庸置疑,但仅仅如此并不能彻底避免火灾的发生。许多情况下,火灾并非由人为蓄意导致,而是在不经意和偶然的累积下形成的必然。一个没有完全熄灭的烟头或是一个由静电产生的火花,都可能悄无声息地引发一场大火。对于这种突发的、意料之外的、更可能是无人知晓的火情,希望通过人工及时发现和处理是难以实现的。

由此诞生了各类传统自动灭火设备,大多借助火焰高温及伴随烟雾触发喷淋实现灭火[34,35]。因原理简单、效果显著,其已然成为建筑场所必备的基础消防设施。然而,这类装置总被布设于屋顶且分布较为分散,对于微小火情没有识别能力,只有当火势发展到相当程度时才会触发。即使对于不同类型的建筑场所规定有不同的消防系统触发灵敏度,这类自动灭火设备也难以做到在火灾初期阶段消除火灾隐患。如果火灾的产生因素难以根除,那么为了将相关损失控制在最低,在火灾初期阶段就及时发现和干预是唯一出路。传统自动灭火设备显然不具备精确识别和发现早期火灾的能力,这主要归因于其所依赖的温度、烟雾等特征信息在火灾初期并不足够显著。为了规避这一问题,火灾的识别需要借助更加鲜明、直接的信息,图像显然是一个可靠的选择。

作为一种激烈的化学反应过程,火灾必然产生着火焰和光,这在多数情况下都可以作为火灾的独特且鲜明的视觉特征。通过在环境影像中识别火焰的存在,便可以发现细微的火情,从而更早发现火灾的迹象[36-37]。然而这样的火灾识别策略依然不够完善。一方面,当火苗较小时,即便是图像也会因为拍摄角度、距离等客观因素导致火焰不显著,使其难以被准确识别;另一方面,火焰的产生往往伴随着烟雾,烟雾会飘散在火焰周围对其形成遮挡,使得从图像中难以判断火焰的准确位置和形状。

在火灾智能识别流程中应用图像融合操作主要利用了火焰释放热量的特性。如图 7.2 所示,利用红外探测感知的火焰热辐射特征可以增强可见光图像中因烟雾遮挡而降低的视觉信息及火焰燃烧初期的显著性,有效提升火焰识别的准确性。此外,红外提供的火焰温度信息还有助于对火焰的外部形状及内部燃烧结构进行分析,对明确火势大小及精确定位着火点提供了重要参考。根据火情分析结果进一步引导具有指向性灭火功能的水炮等瞄准起火点位进行精确干预灭火,即可实现在火灾初期快速精准扑灭,有效控制火灾造成的损失。

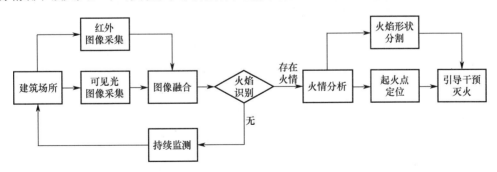

图 7.2 应用图像融合的火灾智能识别流程示意图

7.2.3 行人检测

作为人工智能技术的众多衍生产物,自动驾驶无疑是近年来最为火热的研究课题[38-43]。

自动驾驶指在没有人类驾驶员控制和监管的条件下完成驾驶任务，这意味着车辆可以自主执行加速、制动、转向及遵循交通规则等任务。显然，自动驾驶实现的前提是车辆能够形成对于周遭环境实时的自主感知，包括但不限于行人识别[44]、障碍物检测[45]、交通标志理解[46]等。

行人检测是自动驾驶的关键环节，因为其同时涉及车内人员和车外人员双方的人身安全，尤其是在行人密集的市内道路，优秀的行人检测系统应该以最高优先级对出现在车辆行驶方向及周围的行人做出提前预警和规避以避免致人伤亡的严重交通事故发生，这对检测的准确率和鲁棒性都提出了相当高的要求。自动驾驶系统通常搭载的传感器包含可见光图像、激光雷达、超声波等[47-50]，其中行人检测功能多通过图像目标检测实现。然而，车辆行驶环境的复杂性使得可见光图像极易受光照条件影响导致质量产生波动，特别是在雨、雾等气象条件及夜间行驶的场景下，可见光图像的质量较差，无法为行人检测提供可靠的信息支撑。激光雷达测量的深度信息可以一定程度地为可见光图像提供信息补充以增强其对于环境的鲁棒性，但雷达采集图像在空间上往往具有较低的分辨率，其提供的行人特征信息并不精确。

考虑到行人区别于环境和其他类型障碍物的最大特质是裸露在外的皮肤散发的热辐射，结合红外不受光照影响的性质，利用红外图像对可见光图像进行增强用于行人检测的优势便显而易见。如图 7.3 所示，先通过图像融合操作将同一场景下的红外图像与可见光图像进行融合，再在融合后的图像中进行行人检测红外图像中鲜明的行人热量分布，可以对图像中行人特征进行有效补强，同时有效提升系统对于环境光照变化的鲁棒性。进一步结合激光雷达测算的距离信息估算碰撞威胁，在需要时采取制动或转向策略提前规避碰撞风险。

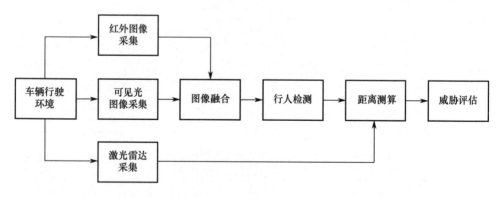

图 7.3 基于图像融合的自动驾驶行人识别流程图

7.3 遥感目标识别的应用

7.3.1 舰船识别

海军作为国家军事力量的中流砥柱，不但是国家工业和科技硬实力的直接体现，更是左右未来战场局势的关键所在[51,52]。舰船作为海上武器装备的主要载体，担负着海上侦察、敌方目标打击等关键任务，其在海上作战单位中的主体地位毋庸置疑[53]。舰船的部署和配置情况直接反映了国家海上军事战略的趋势，因而海上舰船识别在海上监测和战时打击中有着重要的作用。精确、高效地对敌方目标进行定位和识别可以帮助军队在战场上快速做出相应的针对性部署，提高作战效率，也可以帮助舰船实现更好的情报收集、目标跟踪和打击，保障海上安全和国家利益。

传统舰船搜索和识别多依靠雷达[54-55]或飞机侦察[56-57]，虽然简单有效且准确率高，但受其搭载平台的移动能力限制，探测和发现的覆盖范围极为有限。为发现距离更远的目标，探测主体自身必须向目标方向靠近和移动，但这无疑同时增加了将自身暴露于敌方侦测范围的风险，显然得不偿失。而遥感卫星的出现，标志着海上态势侦测的发展步入了一个崭新阶段。借助人造卫星提供的高空视野，可以实现对广泛海域内信息的并发获取，突破传统侦察手段搜索范围的局限。不同于陆地上可以借助地形规避来自空中的侦测，海面上的一切事物都会暴露于遥感卫星图像中，使得任何舰船都无法遁形。

遥感信息的引入在为海上舰船识别提供了坚实有力的数据支撑的同时，也为关键信息的发现和挖掘提出了严峻考验。一方面，俯瞰带来的视觉特征改变使得不同种类、型号的舰船难以准确区分；另一方面，敌方舰船涂装和配置情况复杂多变，可用于帮助分析判断的经验信息有限，影响分析准确率。为实现从海量遥感数据中甄选和凝练出海上舰船信息，需要更加高效、准确的数据处理和分析方法提供支持，而基于深度学习的遥感目标识别方法无疑是其中基础且关键的一环。舰船识别的目标在于明确海域中所有舰船的准确位置、归属情况及具体型号。如图 7.4 所示，遥感目标检测算法首先用于搜索潜在的船型物体，同时一并确定其在海域中的位置。通过这一操作可以过滤绝大多数无用背景和其他无关物体信息，实现对关键信息的过滤。在此基础上应用遥感目标识别算法针对所有潜在舰船逐一判断型号，从而形成对舰队整体配置的分析感知。

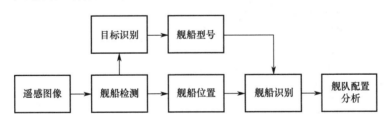

图 7.4　结合遥感目标识别的海上舰船识别流程图

7.3.2　灾害探测

中国幅员辽阔，在造就了得天独厚的自然资源优势的同时，也难以避免地遭受频繁且复杂的自然灾害影响。首先，中国处于地壳运动强烈的太平洋板块和亚欧板块的交界处，使得华北、西部地区地震频发；其次，中国领土 2/3 的面积由山区构成，在地貌、植被、气候等多重影响下西南地区易发生滑坡、泥石流等次生灾害；再次，季风性气候的不稳定性导致南北地区频繁交替地发生旱涝灾害；最后，东南沿海地区处于西太平洋台风生成和发展的主要路径上，频繁遭受台风的袭扰[58-61]。

自然灾害具有一定的随机性和偶然性，难以提前预知和有效避免。为了将灾害对人民群众生命和财产安全的影响降到最低,灾前充分的预防及灾后及时的救援总是缺一不可的。灾害发生后快速准确地获取地区受灾情况,对于第一时间组织力量开展抗灾和救助工作具有重要意义。然而,灾害导致的交通、电力和电信基础设施损毁往往会导致传统信息传播陷入中断,信息沟通不畅导致灾情无法及时向外界传递。等待交通和通信恢复后再获取灾害信息虽然可行,但如此一来信息获取的周期难以预测,这对于在瞬息万变的灾情中部署和实施救援极为不利。因此,基于遥感等技术的灾害信息探测便成了为数不多的可行方案[62-64]。搭载于无人机或人造卫星的遥感系统可以不受地表复杂环境的影响,对灾区实际受灾情况进行真实且全面的影像信息采集,可以为受灾情况的分析和救援部署提供重要且及时的参考。

对于遥感系统采集的大量灾区地面图像,采取人工分析解译的方式统计分析灾情信息虽然精确,但人工作业的效率低下导致在面对受灾区域面积较大的情况时耗费时间较多。为实现对灾害情况的快速获取,必须借助计算机自动识别方法的力量。如图 7.5 所示,以灾后房屋建筑的损毁识别为例给出了利用遥感图像目标识别算法辅助灾害探测的流程图。在灾后获取的遥感图像中,地势地貌的变化与建筑的损毁将导致部分地物的特征发生改变,对房屋受灾情况的识别带来严重干扰。而近年来为提高自然灾害防治能力,国家实施了第一次全国自然灾害综合风险普查等国家重点工程[65-66],其中汇集了各地最新最全的建筑物分布数据统计。通过将其与遥感图像叠加可以快速筛选得到区域中的房屋建筑目标,进一步利用遥感图像识别算法对房屋受损情况进行分类判断,锁定受损程度较高的建筑目标以派遣优先级更高的救援。

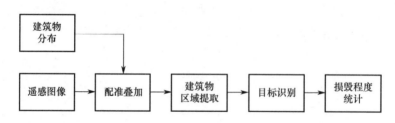

图 7.5　遥感图像目标识别算法辅助灾害探测的流程图

7.3.3　海上搜救

因飞机或船只失事导致人员被困海上的例子屡见不鲜。但即便时至今日,海上搜救不但仍旧会花费大量的人力和物力,其效率和成功率也都难以和陆地搜救相提并论。究其根本,海洋复杂多变的恶劣气候环境不但大幅降低了幸存者的生还概率,也为组织应急搜救造成了极大阻碍。作为人类水上主要交通工具的舰船移动速度缓慢,搜索效率本就低下,加之残骸和幸存者多漂浮于水面之上极易被海浪掩盖,使得舰船实际可探索范围进一步受限。对于可确定大致失事位置的情况尚可借助地毯式搜索,倘若位置难以确定,单纯的海上搜索必然无法实现可靠的救援。

无论陆地还是海上,高效搜救任务都应始终围绕精准和快速两个原则展开。精准意味着精准定位事故发生位置、明确幸存者情况;快速意味着快速抵达事故位置展开救援以避免情况随时间的增加进一步恶化。在舰船搜索效率堪忧的背景下,空中搜索[67,68]便成了不可或缺的手段。飞行器或遥感卫星可以凭借其距离优势获得更广阔的搜索范围，同时有效规避海面恶劣环境的影响，因而在越来越多的海上搜救任务中逐渐成为主要信息获取来源。

为尽可能利用空中搜索带来的信息优势为救援提供参考，在确定落水人员位置的同时对其身体状况进行评估具有重要意义。对于伤情较重难以维持漂浮的危重人员，实施针对性的优先救援策略以最大程度确保救援成功率。如图 7.6 所示，首先通过目标检测确定落水人员位置，进一步逐一应用目标识别算法分析人员状态，在区分遇难者和幸存者的同时评估救援优先级。在为后续救援人员快速抵达事故位置实施救援提供重要位置参考的同时，可以辅助制定救援顺序与策略提升人员存活率。

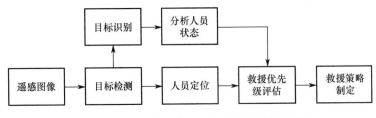

图 7.6　基于遥感图像识别的海上搜救流程图

7.4　小结

本章简单介绍了图像融合与遥感目标识别方法在实际工程场景和系统任务流程中的应用情况，涵盖了安防监测、火灾识别、行人监测、舰船识别、灾害探测、海上搜救等社会及工程典型应用，目的在于进一步加深读者对于相关方法基本原理、设计目的与初衷，以及与实际工程结合的方法，便于形成更为立体的、具有指导意义的系统性认知。

参 考 文 献

[1] 何赟泽, 谯灵俊, 郭隆强, 等. 以图像为主的多模态感知与多源融合技术发展及应用综述[J]. 测控技术, 2023, 42（6）: 10-21.

[2] 刘卷舒, 姜慧娜. 多模态图像融合算法综述[J]. 科技创新与应用, 2017（36）: 60+64.

[3] 何俊, 张彩庆, 李小珍, 等. 面向深度学习的多模态融合技术研究综述[J]. 计算机工程, 2020, 46（5）: 1-11.

[4] 黄渝萍, 李伟生. 医学图像融合方法综述[J]. 中国图象图形学报, 2023, 28（1）: 118-143.

[5] 刘通, 高思洁, 聂为之. 基于多模态信息融合的多目标检测算法[J]. 激光与光电子学进展, 2022, 59(8): 339-348.

[6] 王宁, 周铭, 杜庆磊. 一种红外可见光图像融合及其目标识别方法[J]. 空军预警学院学报, 2019, 33（5）: 328-332.

[7] 李海洋. 遥感图像分类方法综述[J]. 林业科技情报, 2008, （1）: 4-5.

[8] 陈禾, 张心怡, 李灿, 等. 基于多尺度注意力 CNN 的 SAR 遥感目标识别[J]. 雷达科学与技术, 2021, 19（5）: 517-525+533.

[9] 张萌月, 陈金勇, 王港, 等. 面向小样本的遥感影像目标识别技术[J]. 河北工业科技, 2021, 38（2）:

116-122.
- [10] 许慕鸿, 刘小红. 视频监控行业智能化进程分析[J]. 信息通信技术与政策, 2018, （11）: 61-67.
- [11] 宫世杰, 王薇, 郭乔进, 等. 视频监控系统发展现状与趋势[J]. 科学技术创新, 2018, （29）: 81-82.
- [12] 邓美容, 叶千龙. 智能视频监控技术在智慧城市的应用趋势[J]. 中国安防, 2018, （7）: 58-61.
- [13] 钱烺, 罗小娟, 宋璐璐, 等. 基于物联网的智能家居安防监控系统设计[J]. 物联网技术, 2021, 11（3）: 28-30.
- [14] 王秀平. 基于物联网技术的校园安防系统设计[J]. 实验技术与管理, 2011, 28（8）: 103-106.
- [15] 周银锋. 化工园区安防视频监控系统的建立及维护研究[J]. 石化技术, 2023, 30（12）: 202-204.
- [16] 王如, 汤川川, 谢旭峰, 等. 城市综合管廊监控及安防关键技术研究[J]. 中国设备工程, 2023, （15）: 206-208.
- [17] 寇鹏伟, 李彬, 张吉祥, 等. 数字变电站监控系统的安防措施分析[J]. 电子技术, 2023, 52(3): 154-155.
- [18] 郑春红. 基于人脸识别的智能安防监控系统的设计与实现[J]. 现代计算机, 2022, 28（14）: 117-120.
- [19] 张路遥, 邓鹏. 目标检测技术在安防监控视频内容分析中的应用[J]. 智能城市, 2023, 9（10）: 108-110.
- [20] 王军波. 智能安防紧急报警监控自动联网系统设计[J]. 自动化与仪器仪表, 2022, （12）: 93-96.
- [21] 郭富恒, 徐艺. 无人机喊话与热成像结合的安防系统设计[J]. 单片机与嵌入式系统应用, 2022, 22（9）: 50-53+74.
- [22] 姜龙斌. 基于智慧墙周界入侵报警系统的博物馆周界安防探析[J]. 中国安全防范技术与应用, 2020（2）: 36-41.
- [23] 叶源丰德. 针对暴力事件预警的智能监控产品设计[J]. 无线互联科技, 2023, 20（3）: 14-16.
- [24] 王亚明. 面向月球着陆的实时调光成像技术研究[D]. 长春: 吉林大学, 2023.
- [25] 左超, 陈钱. 计算光学成像: 何来, 何处, 何去, 何从？[J]. 红外与激光工程, 2022, 51（2）: 158-341.
- [26] MA L, MA T Y, LIU R S, et al. Toward fast, flexible, and robust low-light image enhancement[C]// Institute of Electrical and Electronics Engineers, IEEE/CVF Conference on Computer Vision and Pattern Recognition. 2022: 5637-5646.
- [27] WANG Y F, WAN R J, YANG W H, et al. Low-light image enhancement with normalizing flow[C]// Association for the Advance-ment of Artifical Intelligence, AAAI Conference on Artificial Intelligence. 2022, 36（3）: 2604-2612.
- [28] 马龙, 马腾宇, 刘日升. 低光照图像增强算法综述[J]. 中国图象图形学报, 2022, 27（5）: 1392-1409.
- [29] 郝永平, 曹昭睿, 白帆, 等. 基于兴趣区域掩码卷积神经网络的红外-可见光图像融合与目标识别算法研究[J]. 光子学报, 2021, 50（2）: 84-98.
- [30] 马野, 吴振宇, 姜徐. 基于红外图像与可见光图像特征融合的目标检测算法[J]. 导弹与航天运载技术（中英文）, 2022, （5）: 83-87.
- [31] 方彦策, 赵君灵, 黄昭龙, 等. 可见光与红外融合目标跟踪技术研究进展综述[J]. 计算机测量与控制, 2022, 30（10）: 7-16.
- [32] 杨玲, 陈萌萌, 范维松. 2008—2017年我国城镇火灾事故特征分析[J]. 城市建设理论研究（电子版）, 2022（31）: 10-12.
- [33] 王世群. 高层建筑消防灭火系统可靠性研究[D]. 重庆: 重庆大学, 2005.
- [34] 付源. 火灾自动报警系统的研究[J]. 知识经济, 2011（10）: 98.

[35] 祝玉华, 司艺艺, 李智慧. 基于深度学习的烟雾与火灾检测算法综述[J]. 计算机工程与应用, 2022, 58 (23): 1-11.

[36] 蒋珍存, 温晓静, 董正心, 等. 基于深度学习的VGG16图像型火灾探测方法研究[J]. 消防科学与技术, 2021, 40 (3): 375-377.

[37] 段续庭, 周宇康, 田大新, 等. 深度学习在自动驾驶领域应用综述[J]. 无人系统技术, 2021, 4 (6): 1-27.

[38] 王金强, 黄航, 郅朋, 等. 自动驾驶发展与关键技术综述[J]. 电子技术应用, 2019, 45 (6): 28-36.

[39] 姜允侃. 无人驾驶汽车的发展现状及展望[J]. 微型电脑应用, 2019, 35 (5): 60-64.

[40] 张新钰, 高洪波, 赵建辉, 等. 基于深度学习的自动驾驶技术综述[J]. 清华大学学报 (自然科学版), 2018, 58 (4): 438-444.

[41] 王科俊, 赵彦东, 邢向磊. 深度学习在无人驾驶汽车领域应用的研究进展[J]. 智能系统学报, 2018, 13 (1): 55-69.

[42] 《中国公路学报》编辑部. 中国汽车工程学术研究综述·2017 [J]. 中国公路学报, 2017, 30 (06): 1-197.

[43] 李朋原. 基于计算机视觉的自动驾驶行人检测专利技术综述[J]. 专利代理, 2022 (4): 20-27.

[44] 王新竹, 李骏, 李红建, 等. 基于三维激光雷达和深度图像的自动驾驶汽车障碍物检测方法[J]. 吉林大学学报 (工学版), 2016, 46 (2): 360-365.

[45] 徐正军, 张强, 许亮. 一种基于改进YOLOv5s-Ghost网络的交通标志识别方法[J]. 光电子·激光, 2023, 34 (1): 52-61.

[46] 詹德凯. 自动驾驶汽车环境感知系统传感器技术现状及发展趋势[J]. 辽宁省交通高等专科学校学报, 2021, 23 (3): 21-26.

[47] 蒋婷. 无人驾驶传感器系统的发展现状及未来展望[J]. 中国设备工程, 2018 (21): 180-181.

[48] 吕翱. 智能汽车环境感知传感器研究进展[J]. 时代汽车, 2023 (6): 153-156.

[49] 姜嘉睿. 无人驾驶中的核心传感器系统分析[J]. 时代汽车, 2019 (2): 145-146.

[50] 叶自成, 慕新海. 对中国海权发展战略的几点思考[J]. 国际政治研究, 2005 (3): 5-17.

[51] 刘新华, 秦仪. 现代海权与国家海洋战略[J]. 社会科学, 2004 (3): 73-79.

[52] 马啸, 邵利民, 金鑫, 等. 舰船目标识别技术研究进展[J]. 科技导报, 2019, 37 (24): 65-78.

[53] 李为民, 石志广, 付强. 舰船目标雷达回波特征信号的建模与仿真[J]. 系统仿真学报, 2005 (9): 2047-2050.

[54] 朱炜, 陈炜, 冯洋. 水面舰船雷达波隐身技术与总体设计[J]. 中国舰船研究, 2015, 10 (3): 1-6+56.

[55] 周林林, 彭赐龙, 林志辉, 等. 无人机水上侦察任务规划研究[J]. 军事交通学报, 2022, 1 (9): 69-74.

[56] 张亚军. 大型AUV及其水面侦察技术浅析[J]. 数字海洋与水下攻防, 2023, 6 (4): 406-412.

[57] 黄崇福. 自然灾害基本定义的探讨[J]. 自然灾害学报, 2009, 18 (05): 41-50.

[58] 许世远, 王军, 石纯, 等. 沿海城市自然灾害风险研究[J]. 地理学报, 2006 (2): 127-138.

[59] 刘彤, 闫天池. 我国的主要气象灾害及其经济损失[J]. 自然灾害学报, 2011, 20 (2): 90-95.

[60] 殷杰. 中国沿海台风风暴潮灾害风险评估研究[D]. 上海: 华东师范大学, 2011.

[61] 雷添杰, 李长春, 何孝莹. 无人机航空遥感系统在灾害应急救援中的应用[J]. 自然灾害学报, 2011, 20 (1): 178-183.

[62] 范一大, 吴玮, 王薇, 等. 中国灾害遥感研究进展[J]. 遥感学报, 2016, 20 (5): 1170-1184.

[63] 袁艺. 自然灾害灾情评估研究与实践进展[J]. 地球科学进展, 2010, 25（1）: 22-32.

[64] 全国自然灾害综合风险普查技术总体组, 史培军, 汪明, 等. 全国自然灾害综合风险普查工程（一）开展全国自然灾害综合风险普查的背景[J]. 中国减灾, 2020（1）: 42-45.

[65] 韩晓栋, 王曼曼, 舒慧勤. 第一次全国自然灾害综合风险普查成果应用思考[J]. 中国减灾, 2022（17）: 37-39.

[66] 安丽娜, 彭碧波. 国外海空救援概况及对我国的启示[J]. 中华灾害救援医学, 2017, 5（06）: 352-355.

[67] 卢姗姗, 王伟. 无人机在海上救援行动中的应用现状及发展展望[J]. 医疗卫生装备, 2019, 40（2）: 94-98.

[68] 黄敏东. 论海上遇险黄金救援时间[J]. 中国海事, 2014（12）: 40-42.

第8章 回顾、建议与展望

8.1 引言

本书首先讨论了计算机视觉的发展简史,并引出卷积神经网络、图像融合和目标识别这三个关键概念。随后,深入阐述了图像融合和目标识别的基础概念、评估体系及该领域的发展历史,并从定义、构成、典型网络等方面介绍了卷积神经网络。以此为基础,本书重点介绍了几项基于卷积神经网络的图像融合和目标识别研究成果,各项成果以领域当前研究前沿中的不同关键问题引入,详细展示了算法结构和实现方式,并通过充分的实验证明了其实用性。本书还总结并展示了基于图像融合和目标识别算法的已有或是可行的工程落地方案,以期为读者提供参考。

本章将回顾所介绍的现有研究成果,提出当前研究领域中尚存的问题,并提供相应的建议,最后展望图像融合和目标识别技术的未来,探讨可能的发展方向和趋势。

8.2 研究成果回顾

(1) 图像融合研究成果。

本书的第3章、第4章以特征的获取为中心,分别专注于更优秀的特征表示学习及多域特征对齐,介绍了4种图像融合研究成果。

第3章介绍了交互式特征嵌入融合网络、联合特定和通用特征表示的融合网络。交互式特征嵌入融合网络为了缓解融合特征丢失重要信息的问题,提出了使用自监督策略与阶段交互式特征嵌入学习相结合来解决重要信息的丢失,有效保留跨域和通用的重要特征;联合特定和通用特征表示的融合网络建立了一个适用于多领域应用的通用融合框架,并使用带有融合权约束的特定领域无参感知度量损失来训练该框架。第4章引入了自监督特征自适应的图像融合网络和基于元特征嵌入的图像融合网络,第一个方法令两个解码器以自监督的方式重构源图像,迫使自适应的特征包含源图像的重要信息,以避免重要特征丢失;第二个方法设计了元特征嵌入网络来生成元特征,还设计了相互促进的学习方法,以弥补检测任务和融合任务之间的差距。

(2) 目标识别研究成果。

本书的第5章、第6章介绍了小样本遥感目标识别和复杂样本分布的遥感目标识别,分别以样本的数量和样本的复杂度为切入点,讨论了4个算法成果。

第5章介绍了协作蒸馏的遥感目标识别网络和弱相关蒸馏的遥感目标识别网络,第一个算法首先利用标注样本生成多类伪标签,随后以循环一致性的方式将不同的伪标签与未标记的样本蒸馏到学生模型,以增强学生模型性能,第二个算法从教师模型中选择可以互相抑制的弱相关特征来蒸馏学生模型，提高了蒸馏效果。第 6 章介绍了分层蒸馏的长尾目标识别网络和风格-内容度量学习的多域遥感目标识别网络，前者引入知识蒸馏思想和多专家学习模型，并提出了一种新的分层教师级学习框架，缓解了长尾样本分布带来的负面影响；后者提出了端对端的三重风格内容度量学习网络模型框架，以消除当样本分布复杂时，由不同风格样本导致的网络训练效果不佳现象。

（3）图像融合与目标识别技术的应用。

本书的第 7 章引入了 6 种使用图像融合与目标识别技术的应用案例，并给出了应用场景说明，描述了如何将算法集成于工程系统中，并给出了流程图作为一定的指导。这 6 种典型场景如下，应用图像融合技术的有安防监测、火灾识别、行人检测；应用目标识别技术的有舰船识别、灾害探测、海上搜救。

通过将图像融合应用于安防监测系统中，依靠可见光图像和红外图像的高效融合实现极端光照条件下对环境的准确描述，确保了监控在极端条件下的运作。火灾现场中的红外成像能有效弥补烟雾给可见光图像带来的退化，适合采用图像融合技术。图像融合可以在雨雾中依旧能提供识别行人的图像，这在自动驾驶等场合能发挥重大作用。遥感图像能为舰船识别、灾害探测和海上搜救等需要找寻目标的任务提供极大的帮助，然而上述应用场景中往往环境复杂、目标多样、信息繁杂，传统方法很难快速且有效地识别出所需求的目标，而基于卷积神经网络的目标识别则能够胜任。

8.3　问题与建议

（1）图像融合中评估指标的问题。

优秀的评估指标对图像融合算法综合性能的评估至关重要，此外，碍于大部分图像融合任务真值的缺失，部分方法也基于评估指标设计用于训练的损失。然而，由于缺少一个特定的最优解进行比较，对于融合图像的评价往往只能使用平均梯度、信息熵等相对片面、角度单一的指标来进行。即使结合多个指标进行综合评估，部分指标也容易受融合图像中噪声、冗余信息等因素的影响而变得虚高，影响整个评估体系的可靠性。全面评估指标及良好评估体系的缺失，是阻碍图像融合算法继续发展、走向落地应用的障碍之一。

为了改善上述问题，有如图像融合视觉信息保真度一般相对更为复杂高级的评估指标被提出，但深入理解图像融合任务的本质，继续开发出更为全面的评估指标是至关重要的。例如，可以考虑结合其他的深度学习网络对融合结果进行评估。

（2）图像融合中干扰和配准的问题。

图像融合算法在实际应用场合中需要面临各种各样的挑战，其中最为常见的为成像干扰和图像配准问题。在多数现有的基于卷积神经网络的图像融合算法中，几乎所有的训练和测试数据均为配准的，即两幅图像在像素空间对齐。然而在现实应用场合中，多个成像设备不可避免地在角度和位置上存有差异，即便是在理想情况下，所获图像对也会存在少量的空间偏移，这将造成图像融合算法性能的严重下降。任何成像系统都无法避免成像干扰带来的负面影响。例如，可见光成像过程中可能遇到的过曝、过暗等问题，又如红外成像时受到多余热源的干扰，使得所获图像产生噪声。这些噪声图像一方面阻碍了卷积神经网络正确提取包含有价值信息的特征，另一方面可能使重建出的图像产生严重的内容退化问题，反而污染了正常源图像提供的信息。

为了改善上述问题，一方面，可以考虑将图像配准算法和图像融合算法有机结合，形成统一框架，或者是探索能够克服未配准问题的融合算法，这将使融合算法具有更为广泛的应用场景。另一方面，为克服成像干扰影响，可以继续研究强鲁棒性的图像融合算法，或者是将去模糊等算法联合进融合框架中。

（3）目标识别中的数据集问题。

目标识别任务需要大量的带标注的数据集进行训练，目前，已有部分自然图像的分类数据集被提出。但是作为基础的视觉任务，目标识别的应用场景是极其广泛的，仅靠自然图像数据集难以支撑目标识别的各项落地应用。目前，在医学、遥感、海洋等场景中的分类数据集较少，且往往具有多样性不足、长尾分布显著等问题，影响了相应场景中目标识别算法的训练。在上述遥感等专业领域中，目标识别标注需要较高的专业性，且有时样本图像获取困难，使数据集的问题更为突出。

为解决这一问题，期望在分类领域看到更多团队投入精力，制作涵盖不同领域的数据集。同时，可以从模型自身入手，进行迁移学习、小样本学习、无监督学习等减少对数据依赖的研究。

8.4 研究方向展望

（1）图像融合与后续高级视觉任务的联动。

在 8.3 节中，本书强调了图像融合中由于图像未配准而引起的问题，如果脱离了图像配准这一基础步骤，那么现有的图像融合算法便如同"无根之木"。而在实际应用场合中，我们需要同时关注算法的输入和输出。作为图像增强的一种常见手段，图像融合算法需要能够在工程系统中提升目标检测、语义分割等后续任务的性能，然而，目前采用这一综合思路的研究相对较少。大多数研究更倾向于脱离实际应用，仅使用评估指标来评价图像融合算法的性能。在未来的研究中，我们可以考虑更多将高级视觉任务与图像融合算法结合的框架，如本书在第 4 章中提出的集成目标检测和图像融合任务的框架。这样的研究方向有望提升图像融合算法的综合性能，同时能推动图像融合技术更快地在实际应用中取得进展。通过将图像融合算法与目标检测、语义分割等任务结合起来，我们可以更全面地评估算法在真实场景中的实用性，促使图像融合领域更好地满足实际需求。

（2）基于图像融合的全面图像增强解决方案。

图像增强不仅仅是提高图像质量的手段，更是推动人工智能、科学研究和各行业应用的关键环节。在当今数字化时代，其意义不仅在于美化图像，更在于为多个领域提供清晰、有用的信息，推动科技进步。而图像融合是图像增强领域中常见的手段之一，其融合多幅源图像以获得高质量图像，相较于其他增强方法而言具有可靠的增强信息来源。在接下来的图像融合研究中，可以朝着构建一个全面图像增强解决方案而努力。在深度上，正如 8.3 节所述，图像融合算法也面临着噪声和成像干扰的难题，可以通过将图像融合与其他图像增强算法联合来改善。在广度上，可以继续探索更为广泛、跨域性能更强的图像融合方案，如本书第 3 章所介绍的使用通用特征表示的融合框架。

（3）通用人工智能中的目标识别。

通用人工智能（AGI）被定义为能够像人类一样在各种领域执行任务的智能系统，包括从经验中学习、自我改进、理解世界，以及进行推理和解决复杂问题的能力。近年来，ChatGPT 模型的发布被认为是自然语言处理迈向 AGI 的重要一步，在计算机视觉领域，扩散模型和语义分割模型 SAM 也逐渐崭露头角，这些模型具备强大的泛化和表示能力，以及一定的上下文推理能力。要实现真正的 AGI 开发，目标识别这一基础视觉任务至关重要。在自然界中，可分类的物体种类繁多，未来的目标识别算法的发展应当朝着能够分为极多种类和场景，并具备推理泛化能力、完成小样本分类等方向努力。

8.5 小结

本章对本书内容进行了总结，并为读者分析了当前图像融合识别所面临的挑战和机遇。从源图像获取有效信息，并在融合图像中和谐统一地呈现，是图像融合任务的核心之一，本书介绍的特征表示学习及多域特征对齐学习研究成果，彰显了融合过程中研究特征学习的重要性和有效性。数据问题始终是目标识别发展的桎梏之一，本书介绍的目标识别研究成果着重于小样本和复杂数据分布情景，为读者提供了从多个角度缓解数据问题的参考。此外，在当今图像融合识别领域，仍存在评价指标、源图像未配准和噪声、数据集限制等问题，本章思考了这些问题的可能解决途径，并进一步给出了融合与高级任务联动、基于融合的图像增强方案、AGI 目标识别等具有潜力的研究方向。